한옥,
사람이 살고 세월이 머무는 곳

국립중앙도서관 출판시도서목록(CIP)

한옥, 사람이 살고 세월이 머무는 곳 / 김영일 지음. -- 파주 : 청아출판사, 2014
p. ; cm

ISBN 978-89-368-1054-2 03610 : ₩16000

한옥[韓屋]

617.8-KDC5
728.31-DDC21   CIP2014002445

한옥, 사람이 살고 세월이 머무는 곳

초판 1쇄 발행·2014. 2. 28.
초판 3쇄 발행·2023. 12. 10.

지은이·김영일
사 진·양근모
발행인·이상용
발행처·청아출판사
출판등록·1979. 11. 13. 제9-84호
주소·경기도 파주시 회동길 363-15
대표전화·031-955-6031 팩시밀리·031-955-6036
E - mail·chungabook@naver.com

Copyright ⓒ 2014 by 김영일
저자의 동의없이 사진과 내용의 일부를 인용하거나 발췌하는 것을 금합니다.

ISBN 978-89-368-1054-2   03610

* 잘못된 책은 구입한 서점에서 바꾸어 드립니다.
* 본 도서에 대한 문의사항은 이메일을 통해 주십시오.

고건축 전문가 김영일의
한옥 짓기의 모든 것

한옥,
사람이 살고
세월이 머무는 곳

김영일 지음

청아출판사

격려사
보탑사와 함께한 40년

무슨 세월이 이렇게 빨라? 내가 행수 김영일을 만난 지 어언 40년이란 세월이 흘렀다. 민학회民學會 답사 모임이 처음이었다. 민학회는 한국의 전통 풀뿌리 문화를 공부하는 모임이다. 문화재전문위원을 비롯해 전통문화계 인사들의 연구회지만, 나 같은 문외한도 같이하는 모임이다. 그는 워낙 아는 게 많아 답사 때마다 구수한 경상도 사투리로 다변이자 달변으로 설명해 주곤 했다.

그 후 성북동 국시집 뒷방에서 있었던 보탑사 건립 구상부터 함께해 가끔 뒷자리에 끼면서 그와 40년 우정을 쌓았다. 터를 둘러보고 기초 공사에서 탑이 완성되기까지 나도 여러 차례 그와 함께 현장을 둘러 봤다.

나는 그의 열정에 끌렸다. 그리고 그의 해박한 고건축 지식에 놀랐다. 문헌도 뒤적이곤 했지만, 건축 현장에서 피와 땀으로 익힌 그야말로 살아 있는 지식이었다. 건축과 학생이나 현대 건축 교수들에게 펼쳐 놓는 그의 고건축 강의는 문외한인 내게도 큰 감동으로 다가왔다. 그가 한없이 존경스러웠고, 그와 친한 사이라는 자체가 은근히 자랑스러웠다.

그에게 보탑사는 인생의 전부였다. 인생 중반을 고스란히 보탑사에 바친 것이다. 보탑사 구석구석엔 그의 열정, 피와 땀, 혼이 스며 있다. 그는 완전히 미쳐 있었다. 공사를 하다 말고 훌쩍 공부를 떠난다. 일본, 중국 등 불교가 전파된 곳이면 어느 오지든 달려간다. 가만히 지켜본 나로선 그의 학구열에 솔직히 기가 질렸다. 광적인 열정이었다. 아름다운 광인狂人이었다.

어느날 성북동 국시집에 그가 자못 상기된 얼굴로 들어섰다.

"이제 됐습니다."

밑도 끝도 없이 내뱉고 천장만 멀뚱멀뚱 쳐다본다.

"앉기나 해, 뭐가 됐어?"

"어젯밤 탑이 보였어요."

"이제 겨우 기둥 몇 개 세워 놓고 탑이 보이다니 무슨 소리야?"

"탑이 나타난 거예요. 이젠 됐어요."

그러곤 혼자 뭐라고 중얼거렸다. 내가 미쳤단 표현을 쓴 건 결코 과장이 아니다. 보탑사 준공식 축사를 하는 자리에서 그간 그의 노고를 아는 나로선 아무 말이 나오지 않았다.

"여러분, 보탑사에는 한 인간의 혼이 구석구석 스며 있습니다. 함부로 보지 말아 주시기 바랍니다."

인간 김영일, 티 없이 맑고 욕심이 없다. 그렇지 않고는 그 긴 세월, 가난한 절간 살림에 버텨 낼 순 없었을 것! 절만이 아니다. 한옥을 지을 때도 돈이 남으면 건축주에게 돌려주거나 필요한 공사를 더 해 준다.

그는 천성적으로 베풀기를 잘한다. 우리 문화원에도 슬그머니

들러 점심을 사고 연구원 용돈까지 주고 간다. 인심 좋은 외삼촌 같은 사람이다. 그가 버릇처럼 하는 말이 있다.

"의성 촌놈이 밥 굶지 않고 살면 됐지 무슨 욕심이 있겠어."

그가 역작을 남긴 것도 베풀고 나누는 정신에서 시작되었다. 자기가 그간 피와 땀으로 배우고 익힌 건축 공법도 후세에 남기고자 한 보시 행위다. 그런 연고로 삼선포교원 세 스님과 아름다운 인정 가화 하나를 만들어 낸 것이다.

내가 이 글을 쓰는 건 40년 우정에서만은 아니다. 그가 짓고 있는 현장을 내가 함께했기 때문이다. 서당 개 3년이면 풍월을 읊는다고 했다. 그간 그로부터 주워들은 이야기도 많다. 이제 한 권의 책으로 묶어 낸다니 설레는 마음으로 출간을 기다린다.

끊임없이 공부하고 연구하는 그 깊은 학구열에 경의를 표하면서 이 한 권의 책이 한 인간의 승리의 지표로서 그리고 전통문화를 잇는 맥이 되길 기원한다.

2014년 2월

(사)세로토닌 문화원장 이시형

발간사

한옥을 제대로 짓기 위한 나침반

   건강한 삶을 누리고자 하는 사람들이 늘어나면서 한옥이 예전과 비교가 안 되게 크게 각광을 받고 있다. 사람들의 관심 밖이었거나 잊혔던 한옥의 우수성이 제대로 평가를 받기 시작하였기 때문이다. 한옥은 자연 친화적인 삶은 물론이고, 사람의 몸과 정신에 좋은 알파파와 엔돌핀을 생성하는 데에도 효과가 있다고 한다. 이런저런 이유로 많은 사람들이 한옥을 짓고 싶어 하지만, 한옥을 어떻게 지어야 제대로 짓는지에 대한 지식은 태부족한 것이 현실이다.
   《한옥, 사람이 살고 세월이 머무는 곳》은 이러한 시대적 요청에 부응하는 답을 제시하는 단비와 같은 책이다. 한옥을 제대로 짓고 감식하는 지혜를 갖게 하는 나침반과 같은 역할을 하는 책이다. 이 책은 한옥 짓는 일에 관한 이야기이지만, 한옥을 짓는 장인이 쓴 책은 아니다. 오랜 기간 한옥 짓는 현장에서 경륜을 쌓은 원로 전문가가 좋은 한옥이란 이런 것이어야 한다는 것을 알리기 위해 집필한 책이다.

이 책은 긴 세월에 걸쳐 한옥을 지으면서 노하우를 축적한 사람이 아니면 말할 수 없는 지혜를 담은 선각자의 보고寶庫와 같다. 한옥을 짓는 현장에서 벌어지는 제반 문제점에 대해 판단할 수 있는 혜안과 판단력을 제공하기 때문이다. 이 책은 한옥을 지어 살기를 원하는 사람들이 실제 한옥을 지으면서 공사 현장에서 당면하는 가장 중요한 사안들에 대한 답을 제시해 준다. 이러한 노하우는 오랜 기간 한옥 시공 현장에서 축적된 경륜의 결과다.

이런 이유로 이 책에 담긴 매 페이지의 내용과 사진에는 현장감이 넘친다. 몸으로 직접 체험한 사람이 아니고서는 말할 수 없는 세부적이고 구체적이면서 실제적인 내용을 담고 있기 때문이다. 이런 점에서 이 책은 도서관의 참고문헌 역할도 한다. 또한 한옥을 지으면서 매 순간 일어나는 특정 사안마다 판단해서 결정을 내려야 할 때 정확한 지식과 확신을 가지고 제대로 문제 해결을 할 수 있는 방안들을 담고 있다.

  한옥이 비록 자연 친화적인 집이라고 하지만, 재료 사용, 치수 조정, 형태 처리 등과 관련된 시공 과정에서 자연 친화적으로 해결되지 못하면, 그 집은 자연에 거역하는 집이 된다. 이렇게 될 우려가 있는 것들은 터를 잡고 집을 앉히는 일부터 시작해서 기초를 하기 위한 터파기, 기둥을 세우고 나무를 다듬는 일, 보를 걸치고 서까래를 얹는 일, 지붕을 잇는 일, 미장하는 일, 담을 쌓는 일, 나무 심는 일에 이르기까지 모든 부문에서 우발적으로 일어날 수 있는 것들이다. 이 책은 시공에서 단계별로 발생할 가능성이 있는 것들은 어떠한 것인지, 이에 대한 해결 방안은 무엇인지에 대한 지침을 제시하고 있다.

  한옥은 우리나라의 기후와 토양에 맞게 지어진 집이다. 한옥에는 보이지 않게 기후와 환경을 조절하도록 하는 해법이 녹아 있고, 사람들의 감성과 시각에 저해되지 않도록 하는 공간 처리와 디자인 방법도 제시되어 있다. 고온다습하면서 건조한 우리나라 기후에 적응할 수 있도록 해결하여 지은 집이 한옥이다.

그런데 예나 지금이나 집 짓기는 경험을 바탕으로 하되, 거기에 새로운 것이 더해져야 한다. 시대의 요구에 맞게 집은 새로운 모습으로 탄생해야 한다. 집이 들어서는 터의 조건과 사용하는 사람들의 삶의 방식을 그 시대의 집이 수용해야 하기 때문이다. 이 점은 집 짓는 현장에서 옛 기법을 계승하는 동시에 시대와 장소에 맞게 새로움을 보태야 하는 이유가 된다.

이 책에는 한옥을 지으면서 사용하는 온갖 재료에 대한 이해와 사용법이 망라되어 있다. 이 모든 것은 오랜 세월에 걸쳐 현장에서 실험하고 축적한 경험이다. 저자는 잘된 사례를 통해 배울 점을 알려 주는가 하면, 시공 과정에서 잘못 판단해서 문제가 된 사례도 알려 후대가 타산지석으로 삼을 것은 무엇인지 알게 해 준다.

한옥에는 나무와 돌을 가장 많이 사용한다. 나무는 음지와 양지,

산비탈과 해변, 어느 곳에서 자랐느냐에 따라 성질과 재질이 다르다. 저자는 이러한 나무의 족보를 알아내는 비법을 공개하면서, 태생이 다른 나무를 각각 사용하는 방법과 건물 내에 들어갈 위치에 대해 알려 준다.

  목재 마구리에 한지를 발라 급격한 표면 건조를 막는 지혜, 목재의 수명을 늘리기 위해 시행하는 방부 처리 방법 등은 현장에서 자주 당면하는 것들이다. 이에 더하여 저자는 목재를 다루는 일반 원칙에 대해서도 자세하게 안내한다.

  목재는 상하를 가려서 나무가 자연 속에 서 있을 당시 동서남북 방향에 맞춰 사용하는 것이 올바르게 사용하는 것이라고 일러 준다. 나무의 옹이를 보고 나무가 자란 방향과 상하를 알 수 있다. 저자는 또한 왜 나무의 등과 배를 가려서 사용해야 하는지에 대해 설명하는 것을 잊지 않는다. 나무는 밑둥 부분이 내구성과 내수성이 가장 강하고, 서까래나 추녀는 빗물이 닿는 곳^{바깥} 쪽을 향하도록 해야 한다는 것이다.

  기둥 밑을 파서 굽을 만드는 법을 알려 주면서는 이렇게 기둥을 세워야 미끄러지거나 움직이지 않는다고 한다. 저자는 이와 관련된 사례를 우리 주변에서 흔히 보는 식기의 굽 받침으로 설명한다. 이러한 내용은 한옥을 현장에서 짓는 사람들에게 구원의 손길이 된다.

목재와 마찬가지로 석재를 다루는 지혜도 이 책에 잘 설명되어 있다. 산지에 따라 조금씩 다른 색상, 알갱이 크기 등 석재에 나타나는 질감과 맛을 살리며 판단하는 눈썰미가 왜 중요한지 말하면서 산山돌과 강江돌을 구분해서 사용하라고 조언한다. 강돌은 죽은 자의 집을 짓는 데 사용하는 돌이다. 저자가 무령왕릉을 발견한 단서도 현장에서 강돌이 나왔기 때문에 무덤이 있을 가능성을 읽었다는 것이다.

이외에도 터를 잡을 때 바람 골을 제대로 살펴야 하고, 처마는 직사광선이 집 안으로 들어오는 것을 막기도 하지만, 처마 아래에 공기주머니가 형성되어 단열 효과를 준다는 것을 알아야 한다고 저자는 강변한다.

이러한 집 짓기에 속하는 지혜는 또 있다. 마루를 놓을 때에는 그 아래에 소금 넣은 항아리를 두되 항아리 뚜껑을 덮지 않고 묻어야 하고, 흙바닥에 숯가루를 일정 두께로 깔아야 한다는 것에 대해서도 알려 준다.

  이에 더하여 집짓기 세부 과정이나 마감 처리가 한국, 중국, 일본의 집에 어떻게 서로 다르게 나타나며, 그 이유가 무엇인지에 대해서도 혜안을 보여 준다. 예를 들면 한국과 일본은 창호에 문종이를 바른다. 그런데 일본은 바깥에, 우리는 안쪽에 바른다. 그 이유를 저자는 기후와 연관해 해석한다. 바다에 접한 일본에서는 해풍이 집 안에 들어오지 말라고, 겨울이 추운 한국에서는 방의 열이 나가지 말라고 각각 밖과 안쪽에 창호지를 바른다는 것이다. 이 모든 것은 현장에서 항상 부닥치는 것들이고, 해법을 모르면 공사가 지연되거나 집을 망가뜨리게 만든다.

  저자는 또한 자연에서 나오는 재료는 모두 한옥 짓기에 사용 가능하다고 말한다. 그 결과 한옥은 자연과 조화하는 미를 형성한다는 것이다. 이러한 점에서 한옥은 공장에서 생산되는 제품으로 지은 건물과 크게 다르다. 공장 제품은 불량하면 불합격품이 되어 현장에서 사용해서는 안 된다. 하지만 자연 재료는 불합격품이란 게 있을 수 없다. 생김새에 따라 사용이 가능한 적소가 있기 때문이다.

이런 점에서 이 책은 추상적인 언사로 나열된 한옥 예찬론과 격을 달리한다. 집이 실제 세워지고 있는 현장에 바탕을 두고 있기 때문이다.

한옥은 나무 기둥을 세우고 보를 걸거나 가로질러 짓는 가구식架構式 구조이다. 가구식 구조이기 때문에 나타나는 구조 형식, 사용 부재가 각기 있고, 이에 따른 공법이 정해진다.

지붕 공사는 건물의 뼈대를 형성하는 목공사가 끝난 뒤 이루어진다. 한옥은 지붕을 덮으면 집을 꾸미는 공사를 한다. 이 일을 수장 공사라고 한다. 그전에 이루어지는 시공은 집의 구조체를 짓는 일이다. 수장재는 강하고 단단하기보다는 마감성이 좋은 것이라야 한다. 미장일과 함께 창호를 설치하는 일이 수장 공사에 속한다.

저자는 이러한 공정을 위해 함께 일한 장인들이나 건물과 얽힌 비화, 알려져 있지 않던 일들도 이 책에 기록함을 잊지 않았다. 예를 들어 보탑사 목탑을 비롯한 전각들의 조영에 참여한 도편수, 단청장, 석수, 소목장, 야철장, 조각장 등은 모두 한 시대를 짊어지며 활동한 인물들이다. 우리 기억에 각인되어야 할 명장들이다.

이 책은 한옥을 지을 때 빠뜨리기 쉬운 작업에 대해서도 친절하게 안내한다. 또한 한옥을 짓고 난 뒤 유지 관리하는 법에 대해서도 알려 준다. 한옥은 살아 있는 생명체와 같은 것이기 때문에 한옥에 손을 댈 때는 신중해야 한다고 말한다. 이런 관점에서 한옥의 유지 관리에 신경이 많이 쓰일 수밖에 없다.

한옥은 천연 재료로 짓는 집이기 때문에 완공 후 몇 년 동안 재료가 뒤틀리는 부분이 생긴다. 그래서 저자는 한옥에서 제대로 사는 법은 비우고 살고, 기다려 주고, 관심을 갖는 일이라고 한다. 우리네 삶에서도 적용할 만한 대목이다.

요즈음 어린 학생들에게 자기가 살고 있는 집을 그리라고 하면, 거의 모두 성냥갑 같은 아파트를 그린 다음, 작은 사각형 하나를 성냥갑의 벽면 어느 한 곳에 그리고 여기가 우리 집이라고 한다. 많은 사람들이 아파트에 살고 있다는 증거이다. 하지만 예전만 해도 지붕이 있는 한옥과 같은 단독주택에 훨씬 많은 사람들이 살았다.

지붕이 있는 주택을 종이나 땅바닥에 그릴 때 대부분의 사람들은 지붕부터 그린다. 위에서 아래로 그리는 것이다. 하지만 집을 지어 본 목수는 먼저 지평선을 그은 다음, 주춧돌을 그리고, 그 위에 기둥을 세우고, 기둥머리에 보를 건 다음, 서까래와 지붕을 잇는 순서로 그린다. 지붕부터 그리는 일반인의 순서와는 거꾸로 그리는 것이다. 세상에 지붕부터 지을 수 있는 집은 없다. 이 이야기는 신영복 교수의 책에 나온다. 현실을 치열하게 부딪치면서 사는 사람과 그렇지 못하고 머리만으로 생각하며 사는 사람과의 커다란 차이를 보여 주는 대목이다. 실제로 한옥 짓기에는 이러한 현상이 수두룩하게 현실로 나타난다.

근대 산업문명이 사람들의 삶을 바꿔 놓기 전까지만 해도 한옥은 세계 어느 주택과 비교해도 손색이 없는 건축이었다. 자연과의 대응에 있어 최첨단에 있는 건축이었다. 무엇보다도 난방, 채광, 통풍 시설 등에 있어 그러하였다. 창호지에 투과되어 실내로 들어오는 확산된 부드러운 빛은 실내 간접조명의 정점에 속한다. 따지고 보면 한옥에는 서양 근대 건축가들이 추구하던 '새로운' 형식의 건축이 다 있다.

우리 선조들은 서양에서 근대 건축이 태동하기 오래전부터 이미 서양 근대 건축가들이 갈구한 바로 그 건축을 해 왔다. 오래된 한옥에 서양 근대의 새로움이 모두 있는 것이다.

  한옥은 벽체가 힘을 받지 않기 때문에 평면을 자유롭게 구성할 수 있고, 창호를 옆으로 길거나 짧게 자유자재로 낼 수 있고, 필로티를 구사한 누마루가 있다. 근대 건축 이전의 서양 건축에서는 찾아볼 수 없는 방법들이다.

  한옥은 단순한 집이 아니다. 그곳에는 지혜와 삶의 애정이 넘실댄다. 이러한 것을 제대로 담지 못한 집은 편하지 않다. 한옥에서 살면 자기가 누구인지 알게 된다. 한옥에는 자연이 무언으로 가르치는 모든 것이 담겨 있기 때문이다. 또한 산업문명의 폐해를 묵언으로 말해 주는 집이 한옥이다. 이런 측면에서 한옥을 그냥 보지 말고 마음을 담아서 찬찬히 살펴보면, 한옥이 예부터 그냥 그 자리에 존재하는 것이 아니라 사람과 함께 살아 있는 사물임을 알게 된다.

  저자는 단순히 한옥을 예찬하는 단계에서 더 승화된 차원으로 고양해 내가 짓고 싶은 한옥에 대한 가피加被를 많은 사람들이 입게 한다. 한옥은 사람이 머무는 곳이다. 한옥은 그곳에 사는 사람을 위한 집으로 지어졌다.

  이 책은 한 개인의 경험에 의해 축적된 많은 것들을 이 시대를 살아가는 모두의 것으로 만들기 위한 것이라고 저자는 밝힌다. 이 책의 발간이 갖는 의의는 한옥 짓는 법에 대한 지혜를 터득하는 것에 더하여, 이 시대 사람들이 어떠한 집을 짓고 살아야 건강한 삶을 영위할 것인가에 대한 가르침을 주는 데 있다. 저자가 체득한 모든 지혜를 한옥에 관심을 가진 모든 사람들과 공유하고자 부려놓는 저자의 모습과 정신이 아름답다.

2014년 2월

성균관대학교 명예교수 이상해

머리말
책을 내며

　언젠가부터 전통 건축 기술자들 사이에서도 내가 제일 연장자 축에 들게 되었다. 전에는 선배들이 있으니 큰 소리를 칠 수도 없는 입장이었는데, 이제는 모임에서 한마디씩 거들어도 흉이 안 되는 위치가 되었다. 이런 위치에 있으니 후배들은 물론이고, 대중을 위해서라도 제대로 한옥 짓는 법에 대해 알려야겠다는 사명감을 갖게 된다.

　한옥이나 절집을 짓고자 하는 사람들은 막연하게 한옥을 짓는 데 들어가는 비용이 비싸다고 생각한다. 한옥을 짓는 것에 부정적인 첫 번째 이유가 바로 이것이다. 하지만 그러면서도 그 비싼 비용이 다 어디로 들어가는지 잘 모른다. 한옥 짓는 법에 대한 기본적인 지식이 부족하기 때문이다. 물론 건축주가 건축의 세부적이고 전문적인 사항까지 다 알아야 하는 것은 아니다.

둘째는 화재에 취약하다는 것, 셋째는 집 구조가 사용하기에 불편하다는 것이 한옥을 기피하는 이유다. 하지만 제대로만 지으면 결코 화재에 취약하지도, 집 구조가 불편하지도 않다. 특히 화재와 관련해서는 목재에 방연제만 뿌리면 걱정이 없다. 또 만에 하나 불이 나더라도 자연 친화적인 재료로만 집을 짓기 때문에 유독 가스가 발생하지 않는다. 따라서 인명 피해의 우려도 콘크리트로 지은 양옥보다 훨씬 적다. 이러한 한옥의 장점을 사람들이 알면 더 많은 한옥이 지어질 것이고, 진정한 한옥 대중화는 그렇게 시작되어야 하는 것이 아닌가 싶다.

문제는 누가 이런 것을 알려 주느냐 하는 것이다. 그래서 나라도 나서야겠다고 생각했다. 이번 기회에 보탑사와 해주 오씨 정무공파 재실의 사례를 통해 한옥을 짓고 싶은 대중에게 쉬운 언어로 한옥의 우수성을 전달하고자 한다. 또한 한옥에 대한 잘못된 상식이나 편견도 바로잡을 수 있었으면 좋겠다. 이것이 한옥의 올바른 보급을 도모하고, 한옥을 짓는 사람들에게도 보탬이 되는 일이라 생각한다.

보탑사와 해주 오씨 정무공파 재실을 속속들이 알면 한옥 건축의 기본을 알 수 있다. 또한 우리 전통 건축의 미래 역시 가늠해 볼 수 있다. 앞으로는 공간 활용적인 면과 더불어 대중적인 측면에서도 한옥을 2층, 3층으로 짓게 될 것이다. 그러므로 전통 방식을 따르면서 제대로 된 2, 3층 한옥을 짓는 방법을 사람들이 잘 알았으면 한다. 한옥은 기둥의 윗부분에 공사비가 많이 들기 때문에 한옥을 2층이나 3층으로 지으면 공간은 넓게 사용하면서도 공사비는 많이 절약할 수 있다.

이제까지 나는 50년 가까이 한옥을 지으면서 열심히 살아왔다. 이제 저녁노을을 바라보면서 기술자로서 마음속에 담아둔 이야기를 이 책에서 하려고 한다.

  이 책이 나오기까지 도움을 주신 많은 분들에게 감사의 마음을 전한다.

2014년 2월

김영일

- 4 ◆ **격려사** 보탑사와 함께한 40년
- 8 ◆ **발간사** 한옥을 제대로 짓기 위한 나침반
- 20 ◆ **머리말** 책을 내며
- 24 ◆ 차례
- 26 ◆ **프롤로그** 어느 전통 건축가의 이야기

한옥 짓기의 모든 것

- 35 ◆ 터 잡기와 위치 정하기
- 45 ◆ 석재 잘 선택하기
- 50 ◆ 목재 제대로 쓰기
- 58 ◆ 기와 구입하기
- 62 ◆ 기단 및 주초석 놓기
- 72 ◆ 기둥 다듬기와 세우기
- 86 ◆ 창방과 보 올리고 걸기
- 94 ◆ 공포 짜기
- 99 ◆ 처마 내밀기와 서까래 걸기
- 112 ◆ 기와 잇기
- 122 ◆ 상륜 올리기
- 127 ◆ 구들 놓기
- 131 ◆ 마루 설치하기
- 137 ◆ 토벽 미장하기
- 144 ◆ 창호 달기
- 148 ◆ 단청 그리기
- 153 ◆ 담장과 석축 쌓기, 화계 만들기

전통 한옥 건축의 진수
보탑사

- 165 ◆ 보탑사로 향하며
- 170 ◆ 아비지를 꿈꾼 사람들
- 176 ◆ 황룡사 9층 목탑의 수수께끼
- 190 ◆ 자연을 품은 사찰
- 199 ◆ 감동과 경이로움 속에서 완성된 보탑사 통일대탑
- 213 ◆ 스님과 신도들의 정성이 모여 치러진 회향식
- 216 ◆ 바람 길을 따라 지은 보탑사의 부속 건물들
- 249 ◆ 보탑사가 품은 또 하나의 보물, 진천 연곡리 백비

못다 한 나의
전통 건축 이야기

- 257 ◆ 진천 길상사와의 인연
- 264 ◆ 까치구멍집은 아파트의 원조?
- 268 ◆ 좋은 집을 짓기 위한 조건
- 273 ◆ 대영박물관의 한옥 사랑방(한영실)
- 281 ◆ 한옥 살림집 강화 학사재
- 289 ◆ 안성 해주 오씨 정무공파 종중 재실

- 298 ◆ 에필로그 구름 따라 흘러가는 인생

프롤로그
어느 전통 건축가의 이야기

고고학사에 한 획을 그은 무령왕릉의 발견

1971년 7월 2일에 백제 고분 무령왕릉이 발견되었다. 이 무령왕릉을 최초로 발견한 사람이 바로 나다. 여러 문헌을 통해 '당시 송산리 5호분, 6호분 배수로 공사의 현장 소장이었던 김영일이 우연히 무령왕릉을 발견했다'라는 기록이 남아 있지만, 어떻게 발견하게 되었는지에 대한 자세한 내막은 잘 알려져 있지 않다.

그때는 내가 한창 문화재 보수 관련 일을 하면서 전국을 누빌 때였다. 당시만 하더라도 무령왕릉은 세상에 모습을 드러내지 않은 채 묻혀 있었고, 충남 공주군 송산리^{현 공주시 금성동} 일대에 백제 고분 6기가 있었다. 1927년에 발굴된 1~4호분은 발굴 당시 이미 도굴당한 상태였고, 1932년에 발견된 5호분과 6호분은 원형은 남아 있으나 내부 유물이 대부분 없어진 상태였다고 한다. 산 중턱에 무리 지어 붙어 있는 1~4호분과 계곡을 사이에 두고 서쪽에 자리한 5호분은 자연석을 돔 형태로 쌓았고, 5호분 옆에 자리한 6호분은 무늬가 있는 전벽돌을 쌓아 만든 전벽돌무덤이다. 모두 주인을 알 수 없는 묘지만, 백제 시대 고분 양식을 연구하는 데 중요한 유적이다.

1971년 6월 21일, 나는 송산리 5호분과 6호분 내부에 습기가 차는 문제를 해결하기 위한 고분 뒤편 배수로 공사에서 현장 소장을 맡게 되어 공주로 내려갔다. 현장으로 내려가던 날이 내 생일이어서 당시 날짜를 정확하게 기억하고 있다. 그렇게 현장을 지휘하며 땅을 파고 공사를 하던 중에 우연히 조그만 조약돌 강돌을 하나 발견했다. 이 조그만 강돌이 어떻게 산 흙 속에 섞여 있을까 의심이 들었다. 그러다 문득 강돌은 죽은 자의 집인 무덤에, 산돌은 산 자의 집에 주로 쓰인다는 생각이 번쩍 들었다. 그리고 어쩌면 6호분 근처에 아직 발굴되지 않은 고분이 존재할 수도 있겠다는 느낌이 들었다.

나는 떨리는 마음으로 주변을 살펴보았다. 역시 그곳의 흙은 옛날에 사람이 한 번 팠던

흙이 분명했다. 오래된 석회석이 섞여 있는 것도 보였다. 뭔가 심상치 않다고 여기고 그 주변을 조심해서 파게 했고, 얼마 후 누군가의 곡괭이에 벽돌이 걸렸다. 나는 즉시 공사를 중단했다. 당시 현장에는 전화기가 없어서 공주 시내 사랑방 다방까지 나가야 했다. 나는 그곳에서 당시 공주박물관 분관장이었던 고故 김영배 씨와 감독관 윤홍로 씨전 문화재위원, 본사에 급히 전화를 걸어 현장 상황을 알렸다. 그렇게 해서 역사적인 무령왕릉 발굴이 시작되었다.

무령왕릉은 주변 다른 고분들과 달리 도굴의 흔적이 없이 수많은 유물이 그대로 보존되어 있었다. 아무도 손대지 않은 처녀분이 발견된 것이다. 당시 출토된 유물에는 다수의 국보급 유물을 포함되어 있었고, 보존 상태도 양호했다. 금제 관식을 비롯한 금, 은 장신구와 각종 공예품들은 백제의 문화를 연구하는 데 귀중한 자료가 되었다. 무엇보다 능의 주인이 누구인지를 알 수 있는 지석誌石이 발견된 것은 매우 이례적인 일이었다. 지석에는 다음과 같은 글이 적혀 있었다.

寧東大將軍 百濟斯麻王 年六十二歲 癸卯年五月 丙戌朔 七日壬辰 崩到 乙巳年八月 癸酉朔 十二日甲申 安登冠大墓 立志如左

전문가들은 이 글을 '영동대장군 백제사마왕이 62세가 되는 계묘년 5월 7일 임진에 돌아가셨다. 을사년 8월 7일 갑신에 대묘에 예를 갖춰 안장하니 이를 기록한다'라고 해석한다. 여기서 백제사마왕이란 제25대 무령왕을 일컫는 것으로, 이로써 이 묘가 무령왕과 왕비의 능임이 밝혀졌다. 그리고 우연히도 내가 태어난 날이 음력 5월 7일이다.

무령왕릉을 두고 사람들은 광복 후 우리나라 고고학 사상 최고의 '발견'이라고 말한다. 최초의 발견자인 나에게는 무척 영광된 말이다. 그러나 무령왕릉은 최악의 '발굴'이라는 오명도 동시에 갖고 있다. 당시 발굴이 며칠 만에 급하게 진행되었을 뿐만 아니라 현장에 달려온 사람에게 성급하게 내부를 공개하여 고분 내부가 손상되고 일부 유물이 파손되었기 때문이다. 어쨌든 이 일은 나의 문화재 현장 이력에 빼놓을 수 없는 중요한 일로 기록된다.

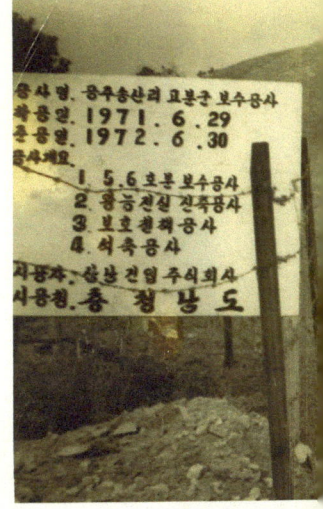

보탑사와의 인연

나는 1966년도에 전통 건축과 처음 인연을 맺었다. 그리고 전국의 문화재 수리 현장은 어디든지 다녔다. 문화재 보수 업체도 지금은 198개가 있지만, 그때는 6개뿐이었다. 그러다 보니 일이 워낙 많아서 집에 들어갈 시간도 없이 바쁘게 일했다. 그러던 와중에 무령왕릉을 발견한 것이다.

그러다 1974년 후반부터 본격적으로 절, 일반 살림집 등 여러 한옥 공사를 맡아서 해 왔다. 지금까지 여러 한옥 작품을 남겼고, 작품 하나하나가 내게는 모두 소중하다. 하지만 나에게 전통 건축가로서의 긍지를 갖게 한 작품을 딱 하나만 꼽으라고 한다면, 주저 없이 보탑사라고 이야기할 것이다.

보탑사는 충청북도 진천군 진천읍 연곡리 보련산 자락에 위치한 조계종 소속의 사찰私刹로, 서울 성북구 미아리 동선동에 위치한 삼선포교원을 본사로 창건되었다. 보탑사는 3층 목탑을 중심으로 구성되었고, 목탑 내부는 2층과 3층까지 사람이 올라갈 수 있는 구조다. 이러한 목탑 양식은 지금으로부터 약 1,400년 전 신라의 수도 경주에 세워졌던 황룡사 9층 목탑의 양식을 계승한 것이다. 국내는 물론이고, 지금까지 목탑이 남아 있는 이웃 나라에서도 재현하기 힘든 현대 목탑 건축의 신기원이라고 할 수 있다.

많은 전문가들의 힘을 모아 목탑과 그 주변에 아름답고 기능적인 전각들을 직접 지어 지금의 보탑사를 만들었다. 1991년에 첫 삽을 뜬 이후 3층 목탑을 완성하는 데만 5년이 걸렸고, 최근까지도 목탑 주변 부속 건물 공사를 계속해서 해 왔다. 기간으로 따지면 꼬박 23년이라는 세월이 흘렀다. 그 세월을 보탑사 짓는 일에 바친 것에 나는 무한한 자부심을 갖는다.

이 책은 한옥을 짓는 이야기로 시작해서 전통 한옥 건축의 진수인 보탑사에 대한 자세한 이야기를 소개한다. 그리고 마무리로 앞에서 다루지 못한 전통 건축에 대한 이야기를 소개하는 것으로 끝을 맺고자 한다.

완공된 보탑사 3층 목탑

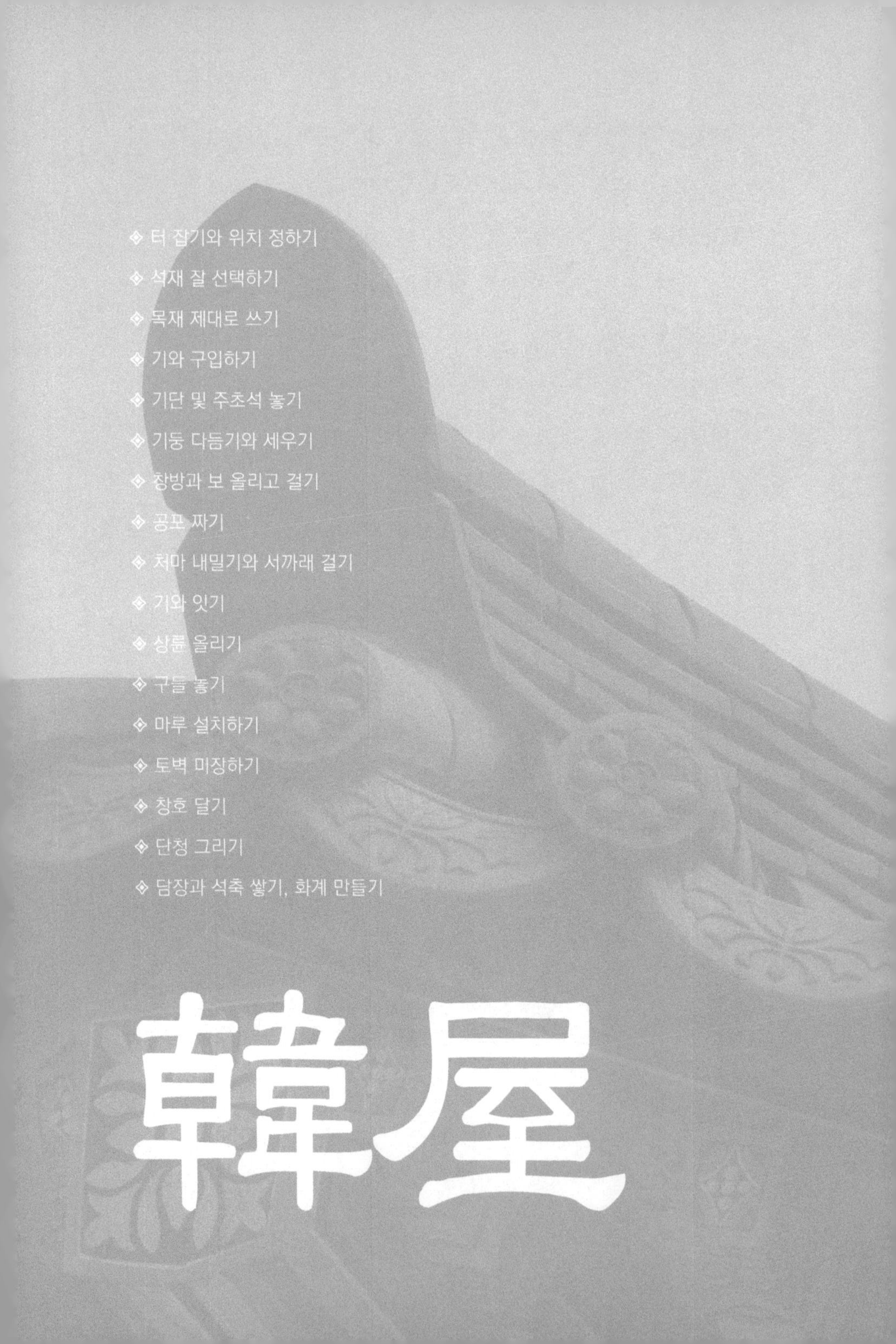

◆ 터 잡기와 위치 정하기

◆ 석재 잘 선택하기

◆ 목재 제대로 쓰기

◆ 기와 구입하기

◆ 기단 및 주초석 놓기

◆ 기둥 다듬기와 세우기

◆ 창방과 보 올리고 걸기

◆ 공포 짜기

◆ 처마 내밀기와 서까래 걸기

◆ 기와 잇기

◆ 상륜 올리기

◆ 구들 놓기

◆ 마루 설치하기

◆ 토벽 미장하기

◆ 창호 달기

◆ 단청 그리기

◆ 담장과 석축 쌓기, 화계 만들기

韓屋

한옥 짓기의 모든 것

터 잡기와 위치 정하기

하늘 아래 땅이 있고, 땅 위에 바람이 분다. 그리고 하늘과 땅과 바람 사이에 집이 들어선다. 집은 사람을 품고 산다. 그래서 사람은 결코 혼자 사는 것이 아니고, 자연과 더불어, 자연과 호흡하며, 자연이 되어 살아간다. 집은 그 사이를 잇는 매개체 역할을 한다.

　사람을 자연과 가장 잘 어울리게 해주는 집, 그런 집이 바로 한옥이다. 한옥은 사람을 살리는 집이다. 한마디로 기가 잘 통하는 집이다. 나무와 흙으로 짓는 한옥은 건강한 집이다. 이음과 맞춤으로 단단한 결구를 이루는 한옥은 또한 튼튼한 집이기도 하다. 뿐만 아니라 한옥에는 콘크리트로 짓는 현대식 건물 구조에서는 찾아보기 힘든 비유와 상징, 수천 년을 이어 온 이야기가 있다.

집을 짓기 위해 가장 먼저 해야 할 일은 집 지을 터를 잡고 좌향(앉은 방향)을 정하는 일이다. 흔히 집이 바라보는 방향으로 남쪽이나 동남쪽이 좋다고 이야기한다. 전통 건축을 하는 사람들 사이에서는 임좌병향(壬坐丙向)을 제일 좋은 좌향으로 보는데, 지금으로 말하면 남남동, 즉 남쪽과 동쪽 사이에서 남쪽으로 조금 치우친 방향이다. 이 방향이 좋은 이유는 집 안에 햇볕이 가장 오래 들어올 수 있는 방향이기 때문이다.

하지만 요즘에는 집 지을 터의 주변 여건이나 정해진 땅의 넓이 때문에 꼭 그렇게만 지을 수는 없다. 그럴 때 가장 좋은 방법은 주변에 있는 산의 제일 높은 봉우리를 중심에 두고 그 방향을 향해 집을 짓는 것이다. 높은 봉우리를 향해 집을 짓는다는 것은 예부터 산 정상의 기운을 받고 태어난 아이는 커서 큰 인물이 될 것이라는 믿음과 기대가 있었기 때문이다.

우리 조상들은 항상 '최고'가 되는 것을 선호했고, 아예 처음부터 최고가 되는 것을 상정하고 이야기하곤 했다. 그래서 어느 집에 아들이 태어나면 무조건 "그놈 장군감이네." 혹은 "그 녀석 대통령감이다." 하고 덕담을 하곤 했다. 그러다 보니 한 동네에만 장군감, 대통령감인 아이가 부지기수였다. 현실적으로 그 아이들이 모두 장군이 되고 대통령이 될 수 있는 것은 아니다. 그래도 옛날 어르신들은 높은 이상을 품고 자식들을 키웠다. 높은 산봉우리를 향해 집을 앉히는 것도 이와 같은 맥락의 염원이었다고 할 수 있다. 이처럼 단순히 그 안에서 생활하기 위해서만이 아니라 그곳에 살면서 앞으로 태어날 자손들에 대한 꿈과 기원까지 담아내는 것이 한옥의 집 짓는 방식이다.

여담이지만, 어쨌든 그 덕분에 우리나라 사람들은 어디 가서도 지기 싫어하는 사람들이 되었다. 웬만하면 자기 회사를 차려 사장이 되고자 하지 남의 밑에 들어가서 일하고 싶어 하는 사람이 드물다. 어쩌면 다른 나라에는 없는 드높은 이상 때문에 지금 우리가 이렇게 잘 살게 되었는지도 모르겠다. 또한 그만큼 능력이 뛰어난 민족이라고 할 수 있겠다. 그래서 우리나라는 대통령 되기도 힘든 나라다. 모두 대통령감인데 그중에서 대통령이 되는 것이니 얼마나 힘든 일인가.

터를 잡을 때는 흙의 색깔을 주의 깊게 봐야 한다. 한 번 팠던 땅인지 아닌지는 흙의 색깔과 강도를 보면 알 수 있다. 그다음으로 중요하게 봐야 할 것은 땅에 물기가 비치는지의 여부다. 특히 물이 흘러간 자국이 있으면 피해서 집을 지어야 한다. 땅속에 물이 흐르는 것을 수맥이라고 하는데, 수맥이 끊기면 좋지 않다. 자칫 잘못 집을 지어 그 흐름을 끊어 버리면 물길이 다른 방향으로 나게 되고, 오랜 시간 한곳으로만 흐르던 물길의 방향이 갑자기 바뀌면 지반이 약해져서 움푹 파이거나 무너지는 현상이 나타난다. 그래서 집을 짓는 사람들은 물이 흐르는 자연 상태 그대로 집을 짓도록 신경 써야 한다.

보탑사와 해주 오씨 정무공파 재실 공사를 할 때, 터를 잡고 땅을 고르다 보니 조그만 물웅덩이가 하나 보였다. 물웅덩이가 있다는 것은 그곳에 물이 흐른다는 의미다. 그래서 그곳에는 집을 짓는 대신 연못을 만들기로 했다. 물이 자연스럽게 흐르게 하고 넘치는 물은 배수구를 만들어 빠지게 했더니 그 자리에 맑은 물이 고였다. 옛날에는 이런 맑은 물을 '아리수'라고 불렀다. 아리수라고 하면 대개 한강의 옛 이름이라고 알고 있다. 그런데 전통사상 연구가인 김중태 씨가 저술한 책《원효결서》에 따르면 '오리의 옛말이 아리이므로 청둥오리가 헤엄치며 놀던 물이 아리수가 될 수 있다'라고 한다. 집 주변에 아리수가 있으면 사람 건강에도 좋고, 미학적으로도 보기 좋다.

보탑사 목탑이 설 터를 잡을 때는 주변의 가장 높은 봉우리를 향

보탑사 목탑 자리의 땅속 심초석

해서 중심을 잡았다. 당시 심초석 놓을 자리를 정하기 위해 내가 긴 장대를 들고 서 있고, 스님과 신영훈 선생이 보련산과 주변 봉우리를 올라 보고, 나와 두 사람이 상의하여 방향을 잡았다.

　그렇게 터를 잡고 나서 땅을 파 보니 그곳이 연못자리였다. 지금은 물이 다 말라 연못의 흔적만 남아 있지만, 예전에는 연꽃이 많이 피어 사람들이 이곳을 보련골이라고 했을 것이다. 바닥 흙을 다 긁어내고 생땅이 나올 때까지 계속 파내려 가자 그 중심에 큰 바위 하나가 솟아 있었다. 장대를 세운 자리가 바위의 중심이었다. 방향을 제대로 잡았구나 싶었다. 그 바위를 천연 심초석 삼아 탑의 중심을 잡았다.

　일반 한옥에서는 좌향을 정했으면 방, 마루, 부엌 등의 위치와 크기를 정한다. 위치와 크기를 정할 때는 바람과 햇빛, 눈, 비 등의 자연에 순응하고 화합하는 집이 되도록 해야 한다. 특히 집 안팎으로 바람이 지나다니는 길을 먼저 만들고, 거기에 맞추어 방의 위치와 크기를 정하는 것이 중요하다. 바람이 어디에서 들어와 어디로 빠져나가는지 잘 살펴봐야 한다.

　그런데 요즘 사람들은 그런 것을 전혀 생각하지 않고 방이 몇 개 필요한지, 마루가 어디에 필요한지만 생각한다. 필요하다고 무조건 만드는 것이 아니라 자연과의 조화를 생각해서 전문가와 상의

한 후 거기에 맞게 위치와 크기를 정해야 한다.

도심 곳곳에 들어서는 대형 건물들을 보면 자연에 대한 배려나 두려움이 없이 지었다는 생각을 하게 된다. 사람들이 점점 자연과 더불어 사는 방법을 잊어 가고 있다. 꽃들이 피어날 시기를 놓쳐 갈팡질팡하는 봄을 지나 전에 없는 폭염과 이어지는 폭우까지, 갈수록 기후가 난폭해진다는 느낌이다. 그러면 피해는 고스란히 사람들에게 돌아온다. 이제는 자연과 더불어 사는 법을 배워야 한다.

옛날에는 마을 입구에 커다란 느티나무를 심었다. 그것이 큰 바람을 산들바람으로 만들어 바닥에 널어놓은 곡식이 날아가는 것을 막았다. 그다음에는 회오리바람이 자주 지나는 길에 장승을 세우고, 그래도 안 되면 대나무를 심어 막았다. 대나무를 심기 어려운 땅이면 대나무 대를 꽂아 놓기라도 했다. 그런데 개발한다고, 혹은 미신이라고 마을의 느티나무와 장승을 다 뽑아 버리니 강풍 피해를 막기 힘들어졌다. 집과 집 주변 구조물들 사이로 바람이 지나다니는 길을 알아야 한다. 바람이 가는 길을 막는 것은 좋지 않다. 바람을 콱 막고 집만 크게 짓는다고 능사가 아니다. 오히려 조금 비켜서 집을 지으면 바람과 더불어 화목하게 살 수 있다.

산불이 나면 불똥이 몇십 미터씩 날아간다. 그래서 산속의 집이나 사찰에는 화방벽을 설치한다. 그런데 다니기가 불편하다고 다

옛날에는 마을 입구에 커다란 느티나무를 심었다.
그것이 큰 바람을 산들바람으로 만들어
바닥에 널어놓은 곡식이 날아가는 것을 막았다.

철거하니 화재에 약해진다.

　보탑사 입구에도 커다란 느티나무 한 그루가 있다. 그곳에서부터 타고 올라온 바람이 목탑과 목탑 주변의 부속 건물들을 바람개비처럼 휘감아 지나가도록 위치와 크기를 정했다. 주변 지형과 바람 길 등을 하나하나 다 세심하게 따져서 세웠다. 그것이 지은 지 23년이 다 되어 가는 데 큰 보수 한 번 없이 튼튼하게 서 있을 수 있는 비결이다.

석재 잘 선택하기

한옥에서 돌은 기단을 놓거나 석축을 쌓을 때 주로 사용되고, 주초석의 재료로 쓰인다. 돌은 자연석(산돌, 강돌)과 화강석이 주로 쓰이는데, 상황에 따라 자연석과 화강석을 적절히 선택하면 된다.

자연석을 집의 재료로 쓸 때는 이끼가 묻어 있는 살아 있는 산돌을 쓰는 것이 좋다. 반면 강돌은 물속에 있던 돌로, 돌아가신 분들이 계신 곳에 쓰는 경우가 많다. 때문에 간혹 집 안에 연못을 만들 때 강돌을 쓰는 경우는 있어도 집을 지을 때는 사용하지 않아야 한다. 고분을 수리해 보면 전부 강돌로 되어 있는 것이 자주 보인다. 문화재 배수로 공사 현장에서 발견된 강돌 하나로 무령왕릉을 발견할 수 있었던 것도 이러한 사실을 알고 있었기 때문이다.

언젠가 어떤 분이 집을 지었다고 자랑하며 구경 오라고 한 적이 있었다. 그래서 그 집에 놀러갔는데, 집 구경을 하다가 그만 아

산돌로 쌓은 담장

강돌로 쌓은 석축

빛깔이 다른 화강석 4종류

연실색하고 말았다. 강돌로 벽을 만들고 담장도 쌓아 놓았던 것이다. 집 안으로 들어오라는데 마치 무덤 속으로 들어가는 것처럼 섬뜩한 기분이 들었다. 겉으로 보기엔 강돌이 반들반들하여 멋있어 보일지 모르지만 웬만하면 집 안 공사에는 쓰지 않는 것이 좋다. 담장이나 벽을 강돌로 쌓으면 속이 매끄러워 잘 빠지는 단점도 있다.

화강석을 쓸 때는 채석된 화강석을 용도에 맞게 다듬어 사용한다. 사람들이 잘 모르고 아무 돌이나 막 쓰는데, 같은 화강석이라도 그 빛깔에 따라 쓰임이 다르다.

약간 푸른빛이 나는 돌과 흰빛이 나는 고운 돌은 비싼 고급 돌이다. 이런 돌은 돌아가신 분 묘소에 상석으로 쓰면 좋다. 그런 곳에 갖다 놓으면 푸른빛에서 나오는 으스스한 기운이 오히려 경건한 분위기를 연출하여 잘 맞는다.

불그스레한 빛이 나는 돌이나 거무칙칙한 빛이 나는 돌은 값이 싼 편이다. 한옥을 지을 때는 이런 돌을 쓴다. 집은 한 번 지으면 10년이고 20년이고 살아야 한다. 그런데 세월이 흐르면 집도 나이를 먹는다. 특히 한옥의 주재료인 나무의 특성이 그렇다. 집은 10년, 20년이 지나면 늙은 집이 되는데, 돌은 세월이 지나도 나이를 잘 먹지 않는다. 그러면 마치 기단만 새로 하고 헌 집을 뜯어다 옮겨 놓은 것 같은 부자연스러운 인상을 주게 된다. 비싸게 돈 들여 고급 돌을 써서 그런 인상을 주는 집을 굳이 지을 필요가 없다는 얘기다.

또한 화강석을 다듬을 때 한 가지 주의할 점이 있다. 바로 결을 따라 자르라는 것이다. 우리나라 화강석은 1결, 2결, 3결 등 결이 있다. 그런데 요즘에는 기계로 자르다 보니 그 결을 무시하는 경우가 많다. 아무리 기계로 자르더라도 결을 따라 잘라 사용하는 것이 바람직하다.

목재 제대로 쓰기

한옥에서 목재가 차지하는 비중은 절대적이라고 할 만큼 매우 중요하다. 그래서 좋은 목재를 구입하는 것은 한옥을 지을 때 가장 신경 써야 하는 부분 중 하나다. 나는 전통 건축 관련 일을 하면서 나무를 다루는 사람이기 때문에, 나무를 바라보는 시각이 일반 사람과 많은 점에서 다르다. 보탑사를 지을 당시 도편수였던 고故 조희환 씨도 그랬다. 그분이 돌아가시는 순간 마지막 유언을 남기길 "내가 죽으면 화장을 해서 소나무에 뿌려 달라."라고 했다.

한번은 가을에 지인들과 정선 아우라지에 놀러 갔다. 단풍이 빨갛게 들어 다들 구경하고 있었는데, 나는 그때 차 안에서 잠을 자고 있었다. 그런 나를 보고 일행 중 한 명이 "이렇게 멋진 단풍 구경도 안하고 차에서 잠만 자고 있는 멋대가리 없는 사람"이라고 놀리며 집사람에게 "어떻게 저런 멋없는 남편을 데리고 사느냐?"라고 말했다. 그러자 집사람은 창피하다면서 어서 나오라고 했다. 할 수 없이 밖으로 나갔더니 사람들이 내게 물었다.

"김 상무는 이 형형색색 단풍이 아름답지도 않습니까?"

그 물음에 나는 오히려 이렇게 되물었다.

"이게 그렇게 아름답게 보입니까?"

"그럼 아름답지 않단 말입니까?"

"여러분 눈에는 아름답게 보이는 것이 정상이겠지만, 내 눈에는 그렇게 보이지 않습니다. 내 눈에 보이는 것은 나무들이 지금 살기 위해 자기 몸의 일부를 떨어뜨리며 몸부림치는 모습으로 보입니다. 그러니 어찌 내가 그 모습을 아름답게 바라볼 수가 있겠습니까?"

사람은 죽어서 이름을 남기지만 나무는 죽어서 집이 된다. 그 나무를 베어 집을 짓는 사람으로서 나무에 대해 처연한 감정을 품는 것은 당연한 일이다. 한편으로 좋은 집을 짓기 위해서는 계절의 변화에 따른 나무의 상태를 잘 알아야 한다. 가을에 비가 많이 오면 가을이 짧아진다. 반면 봄에 비가 안 오면 봄이 짧아진다. 봄에는 나무뿌리에 물이 많아야 하지만, 가을에는 나무뿌리에 물이 없어야 한다. 그런데 가을에 비가 많이 와서 나무뿌리에 물이 차면 나무는 겨울에 얼어 죽을까 봐 살기 위해 빨리 단풍잎을 떨어뜨린다. 그래서 가을이 짧아지는 것이다. 사람들이 "올해 가을은 유난히 빨리 끝났네.", "가을이 오는 척만 하고 금방 가 버리네."라고 말한다면 그해 가을에 비가 많이 왔다는 얘기다. 반대로 봄에는 비가 많이 와야 뿌리에 물기가 많아서 꽃이 핀다. 그런데 요즘엔 봄에 비가 안 오니까 꽃 피는 시기도 엉망이 되어 버렸다.

한옥 건축에 쓰이는 나무는 대부분 소나무다. 그중에서도 잎이 두 개인 소나무^{이엽송}여야 한다. 그것이 우리나라 토종 소나무다. 토종 소나무를 써야 하는 이유는 송진이 많기 때문이다. 송진이 있어야 집이 오래간다.

오엽송^{잣나무}을 쓰지 않는 이유는 빨리 자라서 약하기 때문이다. 또한 낙엽송은 마르면 못도 안 들어갈 정도로 딱딱해져서 오히려 안 좋다. 낙엽송은 가격이 소나무의 3분의 1밖에 안 되기 때문에 요즘 그것으로 집을 짓는 경우가 종종 있다. 그런데 낙엽송으로 집을 지으면 나무가 터질 때 엄청나게 큰 소리가 나는 것이 단점이다. 그래서 낙엽송으로 지은 집에 살면 '나무 터지는 소리에 놀라서 며느리 애가 떨어진다'라는 이야기가 있을 정도다. 또 처마 부분이 금방 부러져 오래가지도 못한다. 나무는 필연적으로 시간이 지나면 터지게 되어 있다. 그래도 가급적이면 덜 터지고, 터질 때도 너무 큰 소리가 나지 않는 나무를 쓰는 게 좋지 않겠는가?

지금까지 집을 지으면서 여러 목재를 써 본 결과, 잎이 두 개인

토종 소나무 중에서도 해발 600미터 근처 500~700미터 사이에서 자란 것이 가장 쓰기가 좋았다. 우리 인생의 환갑이 60세이듯이 나무도 그 정도 높이에서 자란 것이 제일 좋다. 그 이상의 높이에서 자란 것은 너무 단단하거나 모양이 배배 꼬여서 한옥 목재로는 적합하지 않다. 또 전부 그런 것은 아니지만 그보다 낮은 곳에서 자란 것은 너무 빨리 자라서 강도가 약하다.

목재를 구입할 때는 나무를 베는 시기도 중요한데, 첫서리나 첫눈이 온 뒤에 벤 나무를 써야 한다. 첫서리나 첫눈이 올 때는 날씨가 추워지는 시기이기 때문에 나무를 베는 것이 힘들지만, 한옥의 재료로 쓰기에는 그때 벤 것이 가장 좋다. 그 시기의 나무는 겨울을 나기 위해 영양분을 잔뜩 머금고 있기 때문에 속이 꽉 차 있다. 그런 나무로 집을 지어야 그 집이 천 년을 간다.

겨울이 아닌 봄, 여름, 가을에 벤 나무나 산에 불이 나서 불기운을 먹은 나무로 집을 지으면 오래 못 간다. 특히 불 먹은 나무는 필히 피해야 한다. 산에 불이 나면 뜨거우니까 송진이 전부 바깥으로 나와서 나무를 둘러싼다. 나무를 살리려고 송진이 방어를 하는 것이다. 그러면 송진이 타서 굳어 버린다. 이런 나무로 집을 지으면 나무의 안팎이 단절되어서 겉으로 보기엔 멀쩡해도 안으로는 썩고 있다. 또 어떤 경우는 집을 지은 지 1, 2년이 지난 후에야 안에서 물이 줄줄 흘러나오기도 한다. 갇혀 있는 습기 때문에 나무는 안에서 천천히 썩을 수밖에 없다. 이런 나무를 잘못 쓰면 큰 낭패이다. 실제로 그런 경우를 종종 보게 되어 안타깝다.

또한 내륙의 산속에서 자란 나무보다는 바닷가 근처 산에서 해풍을 맞으며 자란 나무가 더 좋다. 강화도 지방의 약쑥이나 순무가 좋은 것도 그런 까닭이다. 대체로 바닷물과 민물이 연결되는 곳에서 자란 식물이 좋다. 그런데 우리나라는 삼면이 바다로 되어 있으니 좋은 나무를 얻기에는 최상의 조건을 가지고 있다고 할 수 있다.

우리나라 나무가 한옥을 짓기에 좋은 이유는 땅의 성질 때문이다. 우리나라의 산은 대부분 화강석으로 이루어져 있다. 화강석은 장석과 규석, 석영이라는 세 물질이 합쳐져 만들어진 것으로, 사람 인체에 가장 좋은 돌이다. 규석에서 나오는 규소는 사람을 건강하고 젊게 한다. 우리나라 산천은 산이 많고 밭이 적어서 농사를 짓기에 불리한 환경인데도 질 좋은 농산물과 해산물이 나는 것은 바로 우리나라 산에 지천으로 깔린 화강석 덕분이다. 비가 내리면 화강석이 깎이면서 그 속의 좋은 성분이 논밭과 바닷물로 흘러들어 간다. 농산물이고 해산물이고 우리나라 것을 최상품으로 치는 이유가 바로 여기에 있다.

석유나 다이아몬드 같은 광물은 안 나지만, 우리에겐 화강석이 있다. 화강석이 깨져서 만들어진 우리 국토의 흙이야말로 사람 건강에 제일 좋다. 그만큼 우리나라는 자연의 축복을 받은 나라다. 전 세계적으로 인삼을 6년씩 키울 수 있는 나라는 우리나라밖에 없다고 한다. 그것도 흙이 좋기 때문이다. 우리나라 흙은 비만 오면 꿀렁꿀렁하고 비가 안 오면 쫙쫙 갈라지는 흙인데, 이런 흙이 사람을 비롯한 모든 생명에게 가장 좋은 흙이다. 그런 좋은 흙에서 자란 소나무를 베어 집을 지으니 우리가 건강한 것이다.

우리와 같은 목조 건물을 전통 가옥으로 삼고 있는 주변국을 살펴보자. 일본은 토양의 대부분이 현무암 성분으로 이루어져 있고, 중국은 많은 부분이 석회암이다. 그러다 보니 나무의 성질이 우리나라와는 다르다. 옛 어른들은 집을 지을 때 쓰는 나무의 성질을 보면 각 나라의 민족성을 엿볼 수 있다는 말을 했다. 나무로 지은 집은 시간이 지나면 필연적으로 터지고 갈라지는데, 일본 나무는 잘 갈라지지 않아서 속이 잘 보이지 않는다. 그것이 일본인이 가까운 사람에게 속마음을 이야기하지 않는 것과 닮았다고도 한다. 또한 목재가 잘 갈라지지 않으나 질긴 면이 약해 투박하게 집을 짓지 않는다. 한편 중국 나무는 수직으로 갈라지고, 심하면 기둥 속이 시꺼멓게 보인다. 그래서 나무 기둥에 철로 테를 만들어 두르고 그 위에 횟가루를 바른 후 천으로 감싼다. 중국 건축물을 25회 이상 답사

중국 한국 일본

각국의 목재 비교

자금성의 기둥

하면서 천으로 감싸지 않은 기둥은 1개밖에 보지 못했다. 그렇다면 한국 나무는 어떤가? 제멋대로 터진다. 하지만 나무가 질기고 끈기가 있어 무거운 흙과 기와를 얹어도 잘 버티고 오래간다. 과연 나무와 그 나라 사람들의 성질이 닮았다. 이런 나무의 특성 때문에 각 나라 전통 가옥의 형태도 조금씩 차이가 난다. 생긴 대로 산다는 말이 있는데, 나무도 사람도 그렇게 생긴 대로 산다.

보탑사 공사 때도 이런 여러 조건들을 고려하여 최상의 목재를 구입해 사용했다. 당시 조희환 도편수의 수고가 참 많았다. 그래서 목탑 공사 때는 목재 때문에 애먹은 일이 거의 없었다.

그런데 목탑 공사가 끝나고 부속 건물 중 수련원을 지을 때 뜻하지 않은 말썽이 생겼다. 초겨울에 강릉에서 미리 벌목해 둔 서까래가 있었는데, 9월에 엄청난 폭우가 쏟아지는 바람에 서까래가 다 떠내려가 버렸다. 날이 더 추워지기 전에 공사를 시작하려면 당장 나무가 필요한데 큰일이었다. 장마가 끝나고 목재가 없어 나는 원래 나뭇값의 배를 주더라도 떠내려간 서까래를 끝까지 찾아서 가져다 썼다. 이 집에서 5개, 저 집에서 10개, 그런 식으로 어렵게 230개를 모아 집을 지었다. 그렇게까지 힘들게 할 필요가 있겠느냐고 할지 모르겠지만, 초겨울에 벌목해 속이 꽉 찬 목재를 쓰기 위해서는 어쩔 수 없었다.

기와 구입하기

기와는 굽는 온도가 높을수록 단단해진다. 예전에는 기와를 구울 때 700~800도의 온도에서 구웠지만 요즘은 1,150도에서 굽는다. 기와의 동파를 막으려면 그 정도 온도는 되어야 한다. 가마의 온도를 1,250도까지 올리면 도자기 굽는 온도가 된다.

그런데 공주 무령왕릉에 쓰인 전돌(전통벽돌)은 무려 1,350도에서 구운 것이라는 사실을 알았다. 현대의 기와 굽는 기술로도 상상하기 힘든 온도다. 많은 기술자들이 무령왕릉의 백제 전돌을 재현해 보려고 했으나 잘 되지 않았다. 나도 모형 전시관을 만들기 위해 3개월 동안 기와 공장에서 머리를 싸맸는데도 소용이 없었다. 기와 공장 사장과 함께 강도와 무늬를 똑같이 해 보려고 했으나 생각처럼 구워져 나오지 않았다. 낮은 온도에서는 무령왕릉 전돌과 같은 강도가 나오지 않았고, 억지로 불의 온도를 높이면 전돌에 새긴 연꽃

무늬가 녹아 버리거나 오징어 굽듯이 일그러졌다.

어떻게 백제 사람들은 그 높은 온도 속에서도 무늬가 살아 있는 높은 강도의 전돌을 구워 낼 수 있었을까? 아니 그보다 가스도, 석유도 없이 오로지 연료라곤 나무밖에 없었을 텐데 불의 온도를 1,350도까지 올렸다는 것 자체가 말이 안 된다. 정말 불가사의한 일이 아닐 수 없다.

그것을 가능하게 한 것은 사람의 마음이 아니었을까? 그만큼 간절한 마음, 이 일에 있어서만큼은 최고의 정성을 다하겠다는 장인 정신이 그런 기적과 같은 일을 이루어 낸 것이 아닐까. 그것이 1,500년 이상의 시간이 지나도 그때 그 모습을 그대로 유지하고 있는 백제 전돌의 비밀이라고 생각한다. 현재의 우리가 그 비밀을 풀려면 잃어버린 장인 정신부터 회복해야 할 것이다.

기와를 만들 때 굽는 온도만큼이나 중요한 것이 흙과 모래의 비율, 흙의 성질이다. 흔히 기와는 자기가 집을 짓고 싶은 곳에서 가장 가까운 기와 공장에서 생산된 것을 쓰는 것이 좋다고 이야기한다. 그 이유는 가장 가까운 곳에서 나는 흙이 자기가 살고 싶은 그 집의 기후와 잘 맞기 때문이다. 오랜 시간 더위와 추위를 함께 겪다 보면 흙과 사람의 성질도 서로 닮는다. 전혀 다른 환경과 문화 속에서 살던 남녀가 부부로 만나 같은 공간에서 오래 함께 살다 보

동구릉 현릉 비각 막쇠

보탑사 막쇠와 망와

면 얼굴이나 생각이 비슷해지는 것과 같은 이치다. 한 마을 사람들의 성격이 이웃 마을 사람들의 성격과 다른 이유도 다른 공기를 쐬고 다른 곡식을 먹고 다른 물을 먹기 때문이다.

젊은 사람에겐 낯선 얘기겠지만, 옛날 대중목욕탕에 가면 '천 리 밖의 음식은 먹지 말라'라는 문구가 붙어 있었다. 우리 몸에는 우리 주변에서 생산된 재료로 만든 음식이 가장 좋다는 뜻이다. 물론 요즘엔 천 리보다도 더 먼 곳에서 건너온 식자재들이 식탁을 점령하고 있다. 그래도 우리 땅에서 난 것이 제일 좋다는 것을 모르는 사람은 없을 것이다.

집도 마찬가지다. 될 수 있으면 집을 지을 때 필요한 재료는 그 주변에서 구하는 것이 가장 현명한 방법이다. 자기와 잘 맞는 집을 지어야 그 안에 사는 사람들도 건강하게 행복하고, 집도 오래가는 법이다.

기단 및 주초석 놓기

　기단을 설치할 때는 같은 높이30센티미터의 돌을 3단으로 쌓고, 그 밑에 3분의 1 높이10센티미터의 돌을 놓는 것이 일반적이다.

　그런데 간혹 전문가라는 사람을 불러서 기단 공사를 맡기면 같은 높이로 4단을 만들어 놓는 경우가 있다. 그러면 당장 다시 하라고 한다. 우리는 4단으로 하지 않고 '3단+1/3'로 기단을 만든다고 설명해 준다.

　그렇다면 기단을 굳이 '3단+1/3'로 만드는 이유는 무엇일까? 여기에는 기능적인 의미보다 상징적 의미가 더 크게 담겨 있다. 바로 내가 사는 집이 땅에서 솟아올라 하늘로 올라간다는 의미를 상징적으로 보여 준다. 즉 상승세가 여기서 끝나는 게 아니고, 아직도 계속 올라가는 중이라는 진행 상태를 표현한 것이다. 그렇게 내 집의 지위가 지금보다 더 높아질 것이라는 바람을 담는다. 그래서 항

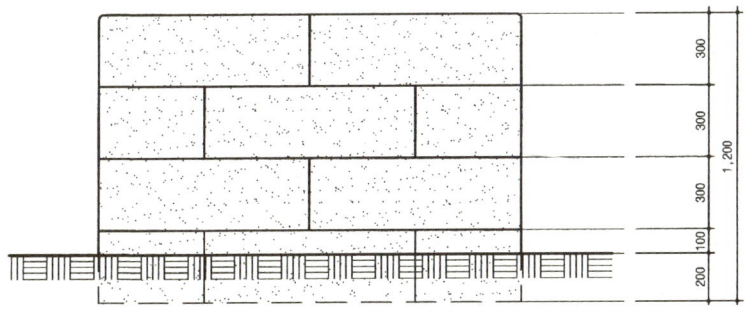

기단 설치 시 높이

구름의 상징을 표현한 기단

상 기단은 3단+1/3, 5단+1/3 등 홀수단+1/3로 한다.

종묘의 기단을 보면 소맷돌에 구름 모양이 새겨져 있는데, 이것은 구름 위에 짓는 집이라는 것을 상징한다. 난간 아래에 구름 모양을 새겨서 구름 위에 올라앉았다는 식으로 표현하기도 한다. 이처럼 한옥에는 여러 상징과 은유가 곳곳에 들어 있는데, 옛날 사람들의 사상을 건축물에서 느낄 수 있다. 우리는 항상 위로 올라가려고 하는 기질과 사상이 있다. 1988년 서울 올림픽 때도, 2002년 한일 월드컵 때도 사람들은 더 높은 곳으로 오르려는 심성을 보였다. 이어령 전 문화부장관의 강의에서 한국은 불꽃문화, 일본은 물의 문화라고 말한 것이 다시 한 번 생각난다. 그래서 기단을 쌓을 때도 솟아오른다는 뜻을 담은 것이다.

기단은 자연석으로 쌓기도 하지만, 요즘에는 거의 화강석을 가공한 장대석으로 쌓는다. 장대석으로 기단을 쌓을 때는 특히 모서리 처리에 주의해야 한다. 원칙적으로 모서리는 커다란 돌을 ㄱ자로 돌려 깎아 처리한다. 그런데 요즘에는 직각으로 만나는 장대석의 귀퉁이를 사선으로 잘라서 맞붙이는 식으로 많이 한다. 이렇게 하면 ㄱ자로 돌려 깎는 것보다 재료비도 덜 들고 품도 덜 든다. 대신 시각적으로 보기 좋지 않을 뿐만 아니라 뾰족한 모서리 부분이 잘 깨지는 치명적인 단점이 있다.

① 잘못된 기단의 예
② 잘된 기단의 예

기단은 그 집의 기초가 되는 부분이다. 제대로 기초가 다져진 집을 짓고 싶다면 반드시 전통 방식으로 모서리 처리를 해야 한다. 우리나라 5대 궁을 가 봐도 다 이런 식으로 기단 처리가 되어 있다. 그것이 올바른 방법이기 때문이다. 보탑사 목탑의 기단 역시 이러한 방법으로 처리하였다.

기단을 놓은 후에는 기둥을 세우기 위한 주초석을 놓는다. 주초석은 기둥을 세울 때 밑을 받치는 돌로, 초석礎石 혹은 주춧돌이라고도 부른다. 나무로 된 기둥을 바닥의 습기로부터 보호하는 역할을 하며, 기둥이 받는 집 전체의 하중을 땅으로 전달하는 역할을 한다.

주초석에는 자연석 주초도 있고 화강석 주초도 있다. 모양은 여러 가지가 있지만, 보통은 사각 주초나 호박 주초를 해서 기둥을 세운다. 이때 주초석은 높이 1자30센티미터를 기준으로 밑변보다 윗변의 길이가 10분의 1씩 줄어들게 만드는 게 일반적이다. 주초석 위에 목재 기둥을 세울 때는 주초석과 기둥이 맞붙도록 그랭이질을 꼭 해야 집이 뒤틀어짐이 적고 오래간다. 그런데 보탑사 목탑의 주초석은 일반적인 주초석과는 조금 다르게 놓았다. 화강석을 여러 개 겹쳐 쌓아 올리고, 그사이에 동글동글한 콩자갈직경 5~10mm을 깐 것이다. 일종의 내진 설계로, 땅속에서 지진의 충격이 가해져도 콩자갈이 횡으로 움직이면서 그 충격을 흡수하게 된다. 단층짜리

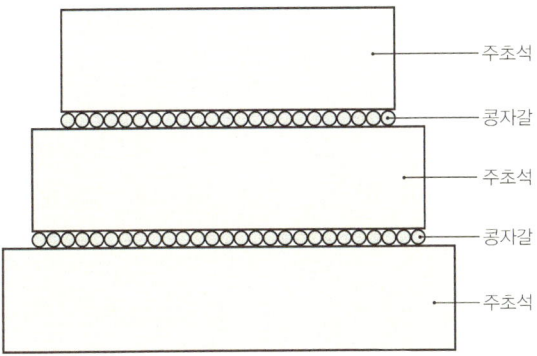

주초석 놓기

보탑사 목탑 주초석

일반 한옥이라면 이렇게까지 하지 않아도 되지만, 보탑사 목탑은 규모가 크기 때문에 이런 장치가 꼭 필요했다. 이것은 기존에 우리가 알고 있던 주초석의 역할에 새로운 기능을 더한 것이다.

이 밖에 기단과 주초석 놓기 등과 같은 석공사로 계단 놓기가 있는데, 계단은 자연석이나 화강석을 기단이나 석축을 쌓듯이 만들기도 하고, 커다란 통돌을 가공하여 만들기도 한다. 물론 난간처럼 나무를 깎아 계단을 만들어 놓은 경우도 많다.

보탑사 목탑의 계단은 특별히 커다란 화강석 통돌을 구해 일일이 모양을 내어 깎아 만들었다. 또한 보탑사 1층 금당으로 오르는 서편 출입 계단에는 연꽃무늬를 새겨 연꽃을 밟으며 이상세계로 오르라는 뜻을 담았고, 내려오는 계단에도 연잎무늬를 새겨 사바세계로 떠나는 길에도 그 맑음을 유지하라는 뜻을 담았다.

일반적인 계단 만들기에 대해 좀 더 설명하자면, 보통 한옥의 계단은 3단이나 5단, 혹은 7단으로 만든다. 경우에 따라서는 4단이나 6단으로 만들기도 한다. 하지만 계단을 올라갈 때 먼저 내딛는 쪽의 발을 끝날 때도 내디딜 수 있게 하기 위해 홀수로 맞추는 것이 좋다.

계단 높이는 3-4-5공법을 써서 계단 폭이 1자(30센티미터)일 때 계단 높이는 21~22센티미터가 되도록 만든다. 그리고 계단 바닥에 작

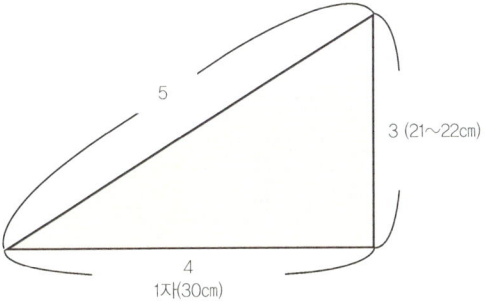

계단 1단의 높이

실제 계단 모습

보탑사 목탑 1층 서편 출입 계단

은 구멍을 뚫고 그 밑에 배수구를 설치하여 계단에서 흐르는 물이 계단 밑으로 일정 부분 빠지도록 한다.

이 정도의 높이가 사람 건강에 좋다. 집 안에서도 운동 효과를 생각한 것이다. 옛날에는 집 안에서 걸어 다닐 때도 다리를 높이 들라고 문지방을 높게 만들었다. 그런데 요즘은 계단의 높이가 15~18센티미터 정도로 낮아지는 경향이 있다. 시대의 변화에 따라 점차 편의성을 고려하기 때문이다.

이런 점이 조금 아쉽다. 물론 계단 높이를 꼭 21센티미터 내외로 하라는 법칙은 없지만, 계단과 문지방을 높게 했던 뜻을 알고는 있었으면 좋겠다. 간혹 한옥 구조가 불편하다고 불평하는 사람들이 있는데, 그런 불편함 속에 우리 몸을 생각하는 지혜가 숨어 있다. 또한 높은 계단에는 몸가짐을 조심하면서 오르내리도록 한 선조들의 의도가 숨어 있다는 것도 알았으면 한다.

기둥 다듬기와 세우기

한옥은 목조 건물인 만큼 목재가 차지하는 비중이 가장 크다. 그래서 좋은 목재를 구입한 다음에는 잘 다듬어야 한다. 다듬을 때는 손으로 해야 멋이 산다. 기계로 휙 깎아 버리면 전통 한옥의 멋이 살지 않는다. 세계가 극찬하는 한옥의 자연미가 모두 사라지는 것이다. 음식에 비유하자면 마늘을 손절구에 넣고 빻는 것과 믹서로 돌리는 것의 차이라고 할까?

목재를 다룰 때 가장 중요한 것은 목재의 형태와 특징을 이해하는 것이다. 목재에는 아래-위, 앞-뒤, 음지-양지가 있다. 거기에 맞춰서 보수 기술자나 도편수가 그때그때 각을 맞춰야 한다. 그런데 기계로 깎으면 깎지 말아야 할 부분을 깎고, 깎아야 할 부분을 깎지 않는 경우가 생긴다. 물론 어쩔 수 없이 기계를 써야 할 때도 있다. 그렇다 하더라도 기계를 쓴 다음에는 세심한 부분을 손으로 일일이 대패질해서 다듬어야 한다. 뭐든지 기계로 하는 것보다는 손으로 하는 것이 시간도 오래 걸리고, 비용도 더 든다. 그래도 좋은 집을 짓기 위해서 이 부분만은 양보하지 않았으면 한다.

한옥의 기둥은 단면이 동그란 모양인 원주와 사각형, 육각형, 팔각형 모양의 각주로 크게 나뉘며, 기둥의 전체 길이는 주초석 높이의 9~10배로 한다. 산이나 강, 햇빛과 바람에 따라 차이가 있고, 특히 바람과 적의 공격을 막기 위해 지어진 성벽의 성루는 기둥이 낮아야 한다. 그래야 공격하는 쪽에게 성 안의 누각이 시각적으로 좁게 보여 공격이 힘들고, 누각 안에서는 불편함이 적기 때문이다. 기둥의 길이 9자를 기준으로 원주를 치목할 때는 윗면의 너비를 아랫면의 너비보다 10분의 1을 줄인다. 그래야 기둥을 세웠을 때 집이 벌어져 보이지 않고 안정감 있게 보인다. 이 말을 역으로 풀면, 기둥의 윗면과 아랫면의 너비가 같으면 집이 벌어져 보인다는 얘기다. 이것을 시각적 착각이라고 한다. 그래서 시각적으로 아름답게 보일 수 있는 방법을 터득하여 윗면의 너비를 줄이게 되었다. 그러한 기둥을 민흘림기둥이라고 한다.

기둥의 가운데 부분을 크게 하여 시각적으로 안정감을 주는 배흘림기둥도 있다. 부석사 무량수전은 배흘림기둥으로 유명하다. 배흘림기둥은 고려 시대 건축물에서 그 예를 찾아볼 수 있으며, 민

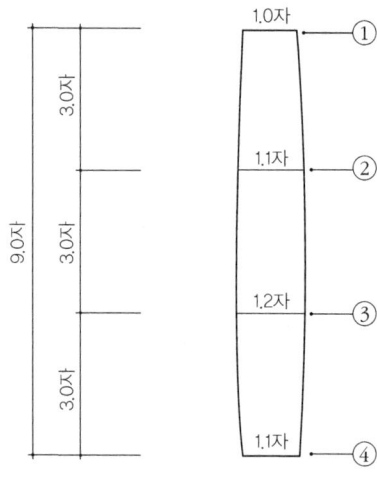

배흘림기둥 치목

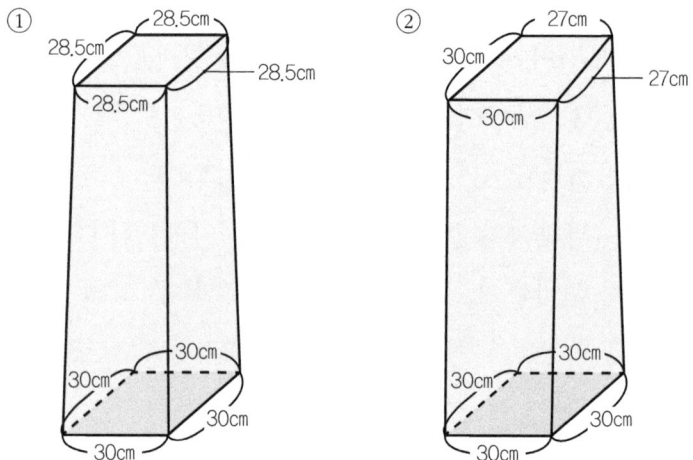

사각형 모양 각주의 치목

흘림기둥에 비하면 공력이 많이 들어가는 고급 치목 방식이다. 배흘림기둥의 경우는 전체 길이를 3등분했을 때 ①번의 너비가 가장 작고, ②번과 ④번이 같고, ③번이 가장 크다.

사각형 모양의 각주도 원주와 마찬가지로 아랫면의 너비보다 윗면의 너비를 10분의 1 줄인다. 예를 들어 ①사각형의 아랫면 각 변이 30센티미터일 때 윗면 사각형의 각 변은 각각 1.5센티미터씩 줄여서 깎는다. 그런데 네 변을 다 깎는 것이 힘들기 때문에 보통 현장에서는 작업의 편의를 위해 ②사각형처럼 두 변만 3센티미터씩 줄여서 깎기도 한다. 그런데 두 변의 길이만 줄일 경우에는 중심이 옆으로 약간 기우는 단점이 있다. 그러면 아무래도 집이 오래가지 못한다. 따라서 조금 더 힘들더라도 정석대로 각 변의 길이를 줄여 항상 중심축이 바로 서게 하는 것이 좋다.

기둥을 치목할 때 주의할 점은 항상 원래 나무가 자라면서 섰던 방향으로 위아래를 맞춰야 한다는 것이다. 비록 죽은 나무지만 여전히 나무의 기운을 가지고 있기 때문에 나무 기둥은 하늘과 땅의 방향을 맞추어 바로 세워야 잘 썩지 않는다. 또한 나무가 베어지기 전에 서 있던 음지와 양지, 즉 남쪽과 북쪽의 방향도 맞춰서 세워야 한다. 그래야 기둥이 덜 트고 덜 갈라진다. 나무가 자라던 상태, 즉 자연 상태 그대로 해 주는 것이 좋다.

나무 기둥은 시간이 지나면 필연적으로 터진다. 그래도 최대한 덜 터지게 하려면 치목할 때 너무 둥그렇게 깎지 말아야 한다. 나무 외피를 조금 깎은 곳과 많이 깎은 곳은 나중에 터질 때 차이가 난다. 즉 많이 깎은 곳은 금방 터지며, 심하면 손가락 하나 들어갈 정도로 크게 터져서 벌어지기도 한다. 될 수 있으면 최대한 원목의 생긴 모습을 그대로 살려서 깎는 것이 좋다.

안성 해주 오씨 정무공파 종친회 사무실의 누각 공사를 할 때는 뒷산에 아름드리 좋은 나무가 있기에 아예 위아래 단면 처리만 하고 거의 치목을 하지 않은 상태로 기둥을 세우기도 했다. 보기에도 개성이 넘치고 아름답지만, 인위적으로 둥글게 깎은 기둥보다 훨씬 덜 터지고 오래갈 것이 분명하다.

기둥을 세울 때는 항상 기둥 밑을 파서 굽을 만드는 것도 잊지 말아야 한다. 굽을 만드는 이유는 우리 발에 굽이 있고 그릇이나 찻잔 밑에도 굽이 있는 원리와 같다. 이것은 자연의 법칙이다. 기둥도 굽을 파놓아야 움직이지 않는다. 또한 기둥이 움직이지 않아야 집이 오래가는 것은 당연한 이치다.

굽 안쪽 빈 공간에는 소금과 숯을 꽉 채워 넣는다. 소금과 숯을 채워 넣는 이유는 벌레가 붙는 걸 막기 위해서다. 나무에는 보통 두 가지 종류의 벌레가 붙는다. 한 종류는 종족을 번식하고자 나무

해주 오씨 정무공파 종친회 사무실 누각 기둥

에 구멍을 뚫어 그 안에 알을 낳는 벌레이고, 또 다른 종류는 나무를 파먹는 흰개미 같은 종류다. 흰개미가 나무 기둥에 들어가면 다 갉아먹어 버리기 때문에 그 집은 쓰지 못하게 된다. 바로 이런 흰개미 같은 벌레 종류가 기둥에 들어가는 것을 예방하기 위해 기둥 밑을 판 부분에 소금과 숯을 채워 넣는다.

요즘 집을 지을 때 기둥 치목하는 것을 보면 거의 대부분 이러한 작업을 하지 않는다. 참으로 안타까운 일이다. 전국에 집 짓는 현장마다 찾아다니면서 이렇게 하라고 이야기할 수도 없는 일이다. 그러니 건축주들이 이런 것을 잘 알고 있다가 집을 지을 때 시공자에게 기둥에 굽을 꼭 파고 그 안에 소금과 숯을 넣어 달라고 이야기하면 좋겠다.

보탑사 목탑의 기둥은 민흘림을 기본으로 일반 한옥을 지을 때보다 몇 배나 많은 기둥을 치목해야 했지만, 하나도 빼놓지 않고 앞서 설명한 원칙에 맞춰 했다. 그렇게 치목을 해서 목탑 1층 주초석에 28개의 기둥을 세우고 가운데에는 찰주를 세웠다. 또한 2층, 3층과의 안정적인 비례를 위해 1층을 높게 만들어 기둥 높이만 4.5미터에 이른다.

2층의 기둥은 1층 기둥보다 안쪽에 있다. 2층 기둥을 안쪽으로 들여놓은 이유는 밖에서 보기에도 시각적으로 편안해 보이게 하고

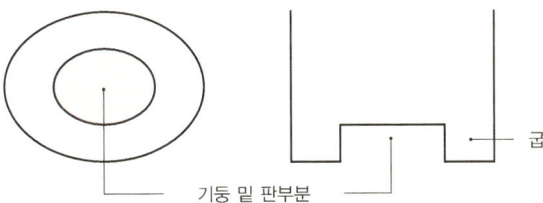

기둥 밑 판부분 — 굽

기둥 굽 안쪽에는 소금과 숯을 넣어 벌레를 막는다.

보탑사 목탑 기둥 세우는 장면

2층 안기둥 구조

하중이 분산되도록 하기 위한 것이다. 그런데 2층 안기둥은 아무런 고정 장치 없이 작은 나무토막 같은 부재 위에 세워져 있다. 언뜻 보기엔 어떻게 이렇게 커다란 구조물이 그렇게 허술하게 걸쳐져 있을까 이해가 안 될 수도 있다. 그러나 그렇게 해도 절대로 무너지지 않는다. 기둥 위의 여러 부재들이 철교보다도 단단하게 결구되어 서로를 붙들고 있기 때문이다.

목탑의 기초를 다지고 1층의 기둥을 막 세운 직후 현장에서 신비한 일이 있었다. 어느 날 밤, 현장에 마련된 임시 숙소에서 잠을 자다가 비 오는 소리에 잠이 깼다. 원래 나는 옆에서 노래를 부르고 춤을 춰도 잘 깨지 않는 사람인데, 비 오는 소리만 들리면 바로 깨는 버릇이 있다. 현장에서 비가 오면 목재가 젖기 때문에 신경이 쓰여서 그런 것이다. 그날도 꼭두새벽부터 일어나 돌아다니며 일해 몹시 피곤한 상태로 잠이 들었던 터라 웬만한 기척에는 꿈쩍도 하지 않고 곯아떨어져 있었다. 그런데 갑자기 비가 내리는 소리가 들려 번쩍 눈이 떠졌다. 시계를 보니 새벽 3시였다. 나는 현장을 살피기 위해 밖으로 나갔다. 그런데 이게 웬일인가, 밖에는 비 한 방울 내리지 않고 있었다.

'이상하다. 분명 빗소리가 들렸는데……'

고개를 갸웃하며 돌아서는데, 마침 옆자리에 있던 버드나무 세

그루가 바람에 흔들리는 소리가 '쏴' 하고 들렸다. 영락없이 비 오는 소리였다.

'아, 이 소리였구나.'

나무 흔들리는 소리를 빗소리로 착각하고 깨다니, 별일이다 싶었다. 기왕 일어난 김에 물을 한 모금 마시고 담배를 한 대 피우려고 백비가 있던 자리에 서서 공사 현장 쪽을 바라보았다. 어둠 속에 기둥만 우두커니 서 있었다. 그런데 가만히 계속 들여다보니 그곳에서 목탑의 형상이 아른아른 나타나는 것이었다. 나는 얼른 담배를 비벼 끄고 무릎을 꿇고 앉아 현장을 다시 쳐다봤다. 역시 흐릿하게 목탑이 서 있었다.

'아, 저것이구나. 저렇게 지으라는 것이구나. 내가 짓고 싶은 목탑이구나!'

그때의 기분은 말로 다 표현을 못할 정도로 좋았다. 그동안 도면을 보면서도 좀처럼 머릿속에 떠오르지 않던 목탑의 형상이 이제야 그 모습을 드러낸 것이다. 그런데 그렇게 나타난 형상대로라면 지금껏 도면을 따라 작업해 두었던 재료들을 전부 다시 손봐야 했다.

날이 밝자마자 나는 현장에 나온 석공과 목수에게 12자로 가공된 기단을 모두 9자로 줄이고 기둥의 높이도 15자로 바꾸라고 했다. 미리 치목해 둔 서까래도 너무 기니 전부 한 자씩 잘라 내라고 했다.

"준비한 서까래가 천 개나 되는데, 그걸 다 잘라 내라고요? 도대체 간밤에 무슨 일이 있었던 겁니까?"

"미안하게 됐네. 하지만 그래야 이 목탑이 제대로 설 수 있는데 어쩌겠나."

나는 확신에 차서 말했고, 석공과 목수들도 이내 일사분란하게 움직였다. 그렇게 현장은 더욱 활기를 띠었다.

좋은 한옥 짓기 Tip
기둥 벽선 붙이기

기둥에 벽선(기둥에 붙여 세우는 직사각형의 굵은 나무)을 붙이는 방법은 세 가지가 있다. 하나는 기둥과 벽선의 이음새가 맞물리도록 기둥 한쪽 면에 홈을 두 개 파서 붙이는 방법이고, 또 하나는 홈을 하나만 파서 붙이는 방법, 나머지 하나는 기둥면에 그냥 붙이는 방법이다.

겉으로 보기에는 똑같아 보이지만, 이 세 가지 방법은 근본적으로 큰 차이가 있다. 일단 시공비에서 차이가 많이 난다. 그냥 붙일 때보다 홈을 하나 팠을 때, 홈을 하나만 팠을 때보다 두 개를 팠을 때 단가가 높아진다. 또한 결정적으로 내구성에서 차이가 난다. 홈을 파서 벽선을 붙이면 이음새에 바람이 안 통하고 나무도 덜 튼다. 콘크리트 포장 공사에 신축 줄눈을 설치하여 늘어나고 오므려지는 작용을 먼저 해 놓는 이치와 같다. 이렇게 하면 기둥과 부자재들이 서로 꽉 붙들고 있기 때문에 집이 오래간다. 공사비를 아끼려고 벽선을 그냥 붙이면 겉으로는 똑같이 보여도 부실한 집이 된다. 이처럼 집을 지을 때 어느 부분에서 가격 차이가 나는지 집주인이 정확하게 알고 있어야 한다.

그리고 벽선을 붙이는 목재는 목재의 바깥 부분을 기둥에 붙이고, 내부심을 창호 쪽으로 하면 나무가 덜 휜다.

벽선을 붙이는 세 가지 방법

창방과 보 올리고 걸기

보탑사를 지을 때 1층 기둥을 다 세운 후, 창방과 보를 치목하고 조립해 올렸다. 창방은 기둥과 기둥 사이를 연결해 주는 역할을 한다. 창방은 나무의 음지에서 자란 부분을 아래로 향하게 하고 양지 부분을 위로 향하게 해야 덜 휜다. 철근 콘크리트 공사에서는 아랫부분에 철근이 더 많이 들어가는데 이것과 같은 원리다. 또한 치목을 하면서 많이 깎은 부분이 위로 가게 해야 덜 휜다. 그런데 이런 것을 무시하고 반대로 올리면 더 많이 휘어서 나중에 보면 집이 아래로 처지게 된다. 이를 막으려면 목수들이 방향을 잘 보고 올려야 한다. 기둥의 앞뒤를 가로지르는 보 역시 이와 같은 방법으로 치목하여 올린다. 그리고 뿌리 밑부분을 남쪽으로, 윗부분을 북쪽으로 가도록 보를 조립한다.

이러한 원리가 최대로 적용된 전통 건축물이 안동 봉정사 극락

안동 봉정사 극락전 (위키피디아)

전이다. 안동 봉정사 극락전은 우리나라에 남아 있는 목조 건축물 중에서 부석사 무량수전과 더불어 가장 오래된 건물로, 고려 시대에 지어진 것으로 알려져 있다. 극락전의 창방과 보는 겉으로 보기에는 가늘어 보이지만 매우 튼튼하다. 그러니 오랜 세월을 견디어 온 것이다. 일명 '항아리 보'라고 하는데, 이와 비슷한 공법을 서양 사람들이 만든 잠수함의 원리에서도 찾아볼 수 있다. 잠수함은 길면서도 물의 압력에 부러지지 않도록 만들어져 있다. 이러한 공법을 우리는 이미 고려 중기에 건축물에 적용하고 있었다.

한옥의 지붕을 받치고 집 전체의 중심을 잡는 데 중요한 역할을 하는 것이 보다. 보는 건물의 앞뒤로 있는 두 기둥 위에 수평으로 걸치는 부재로 크기와 위치에 따라 대들보, 중보, 종보, 툇보^{퇴간의 평주와 고주 사이에 얹는 짧은 보}, 충량^{옆에 선 기둥의 머리에서 들보를 향해 건 보} 등으로 나뉜다.

이 중에서 대들보는 기둥 위에 걸리는 부재 중 가장 길고 굵다. 그러나 튼튼하게 한다고 무조건 굵은 나무를 쓸 수는 없다. 자칫 시각적으로 너무 무거워 보일 수 있기 때문이다. 부재들과의 전체적인 조화를 고려하여 최적의 굵기와 모양을 찾는 것은 유능한 전문가^{설계자, 기술자, 목수}의 몫이다.

그런데 목탑의 기둥을 세우고 창방을 결합하는 공사가 한창 진

보탑사 목탑 1층 창방 공사

보탑사 목탑 3층 창방 공사

행 중일 때, 관에서 나온 안전관리요원 세 명이 현장에 와서 공사를 중지시켰다. 이렇게 큰 건물을 짓는데 기둥이 너무 허술해 보인다는 것이 이유였다. 한옥의 특성을 몰라도 한참 모르고 하는 소리였다. 그래서 내가 그 사람들에게 말했다.

"당신들 세 사람이 힘을 합해 있는 힘껏 이 기둥을 밀어 보시오. 만약 이 기둥이 넘어진다면 그 즉시 공사를 중단하는 건 물론이고, 내가 당신들에게 아파트를 세 채 주겠소."

안전관리요원들은 고개를 갸우뚱하더니 기둥을 있는 힘껏 밀었다. 그러나 장정 세 명의 힘으로도 기둥은 꿈쩍도 하지 않았다. 결국 그들은 미안하다는 사과의 말을 남기고 돌아갔다. 이후로도 준공 때까지 한 건의 사고도 없었다. 그리고 무사고 안전상패까지 받았다.

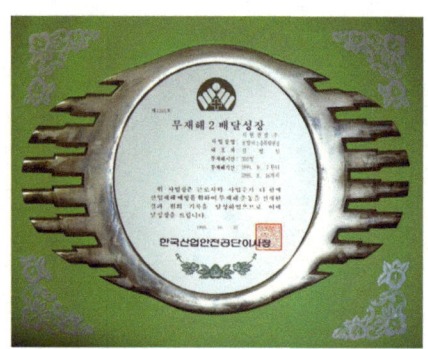

무사고 안전상패

흔히 기초 공사를 잘 하려면 땅속부터 튼튼하게 붙들고 있어야 하는 것으로 생각하기 쉽다. 하지만 한옥은 그렇게 하면 집이 오래 못 간다. 한옥은 이음과 맞춤으로 단단하게 짜여 있기 때문에 기둥에 고정 장치를 따로 하지 않고도 안정적으로 구조물을 올릴 수 있다. 보탑사 목탑 공사에도 이러한 원칙을 적용했고, 극대화했다.

좋은 한옥 짓기 Tip
각 부재의 표준 치수

기둥을 세운 후에는 그 위에 부재를 하나씩 순서대로 올린다. 이를 순서대로 나열하면 기둥, 창방, 주두, 소로, 장여, 도리, 서까래, 초매기, 부연, 이매기, 연함 순이다. 이것이 한옥을 짓는 기본이다.

우리 선배 때만 해도 다들 이대로 했기 때문에 표준 치수라는 것도, 도면도 없이 시공을 할 때도 있었다. 하지만 요즘 세태가 점점 이윤을 추구하다 보니 규격 미달의 재료를 써서 시공하는 사례를 종종 보게 된다. 건축주의 입장에서도 무조건 싸게 짓는다고 좋은 것이 아니라는 사실을 이번 기회에 알아주었으면 좋겠다. 이 치수를 기준으로 삼으면 자기가 짓는 집이 얼마나 제대로 지어지는지 스스로 가늠해 볼 수 있을 것이다.

여기서 변형이 있다면 시대별로 차이가 있고, 산속의 집이냐, 평지의 집이냐, 물가의 집이냐에 따라, 또는 집주인의 신분, 건축물의 형식 등에 따라 차이가 있다. 그러나 이 선에서 크게 벗어나지 않는다.

단위 : 1치(3.03cm)

	명 칭	가 로	세 로
1	기둥(∅)	10	10
2	창 방	7.0	9.0
3	익 공	3.5	12
4	주 두	13	6.0
5	소 로	3.5	3.0
6	장 여	3.5	6.0
7	보	10	15
8	도리(∅)	9.0	9.0
9	서까래(∅)	5.0	5.0
10	초매기	3.0	2.5
11	부 연	3.5	5.0
12	부연착고	0.5	5.2
13	이매기	3.0	2.5
14	연 함	2.0	3.5

기둥 및 각 부재의 구성 도면과 표준 치수

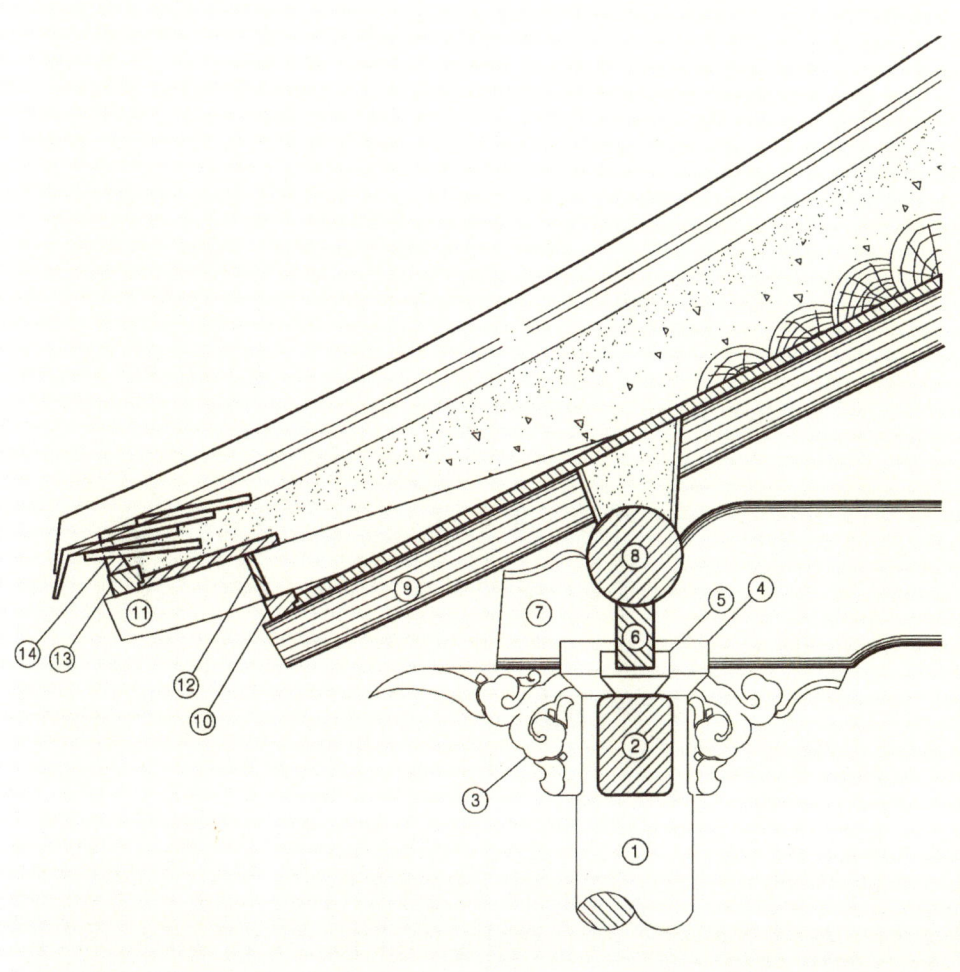

공포 짜기

공포는 지붕의 무게를 받치려고 기둥머리에 짜 맞춰 댄 나무 구조를 말한다. 학자들은 공포를 모양과 형식에 따라 주심포, 다포, 익공 등으로 나누는데, 주심포는 고려 중기, 다포는 고려 말기, 익공은 조선 초기에 형성되어 지금에 이르고 있다고 본다.

 주심포는 기둥머리 바로 위에 여러 개의 나무쪽을 짜 맞추어 올린 구조이고, 다포는 기둥 위쪽뿐만 아니라 기둥과 기둥 사이 평방 위에도 나무쪽을 짜 맞추어 올린 구조이다. 익공은 기둥 위에만 끼우는 장식 부재로, 익공의 단수에 따라 초익공, 이익공 등으로 부른다. 조선 시대에는 일반 가정집에서 주심포, 다포, 익공 양식으로 집을 짓는 것을 금했으며, 공사비가 많이 들고 화려하기 때문에 주로 궁궐 또는 사찰들이 공포 양식을 취했다.

 공포의 부재를 만들 때는 튼튼하면서도 유려한 곡선미를 제대로

보탑사 목탑 공포

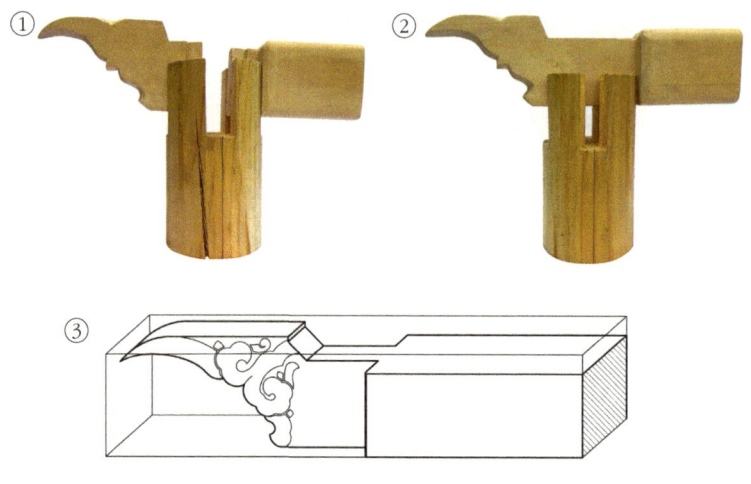

①② 초익공 목재, ③ ②번 초익공 목재 도면

살리는 것이 관건인데, 그러자면 곡선을 깊게 내려 파야 한다. 물론 나무도 그만큼 많이 들고 품도 더 든다. 그래서 요즘에는 얕게 내려 파는 공포 부재들을 많이 보게 된다. 그런데 건축주의 동의하에 재료비를 아끼기 위해 얕게 내려 파는 것이라면 그나마 이해할 수 있지만, 시공자가 재료비는 재료비대로 다 받아 놓고 얕게 파는 것이 문제다. 실제로 비교해 보고 어떤 것을 선택해야 아름다운 한옥의 전통미를 지키는 일인지 스스로 판단할 수 있어야 한다.

보탑사 목탑의 공포 양식은 엄밀히 따지면 주심포와 다포의 중

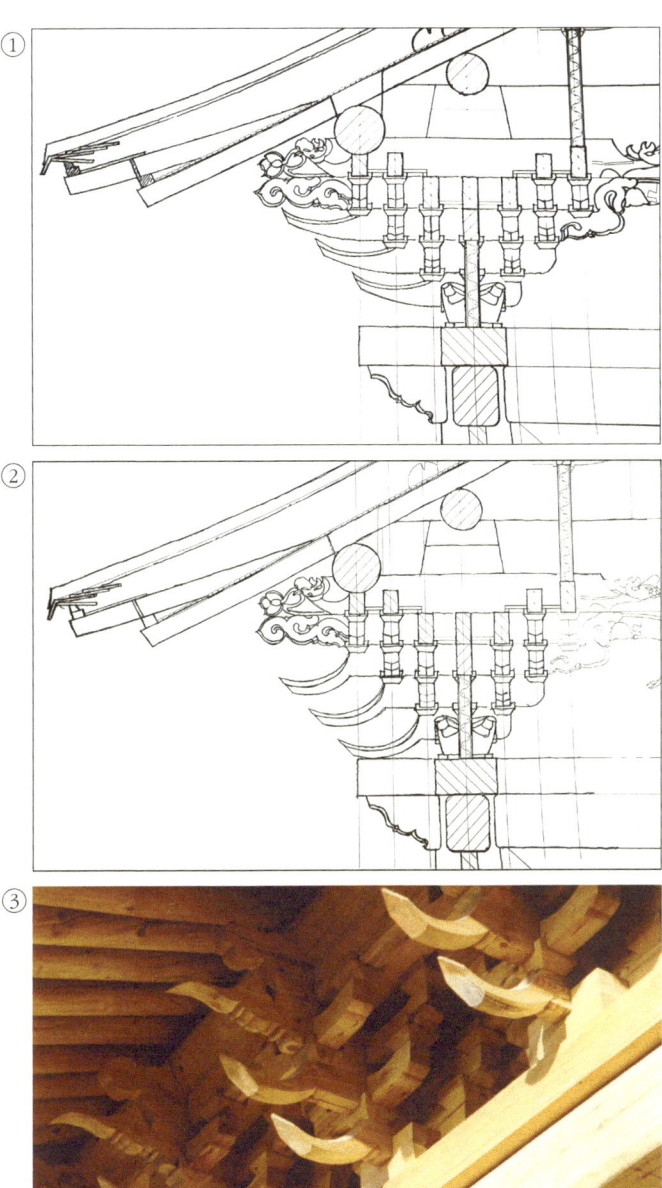

① 얕게 깎은 공포 도면
② 깊게 깎은 공포 도면
③ ②번 공포의 모습

간이라고 할 수 있다. 기본적으로는 각 기둥 위에만 공포 부재를 올린 주심포이지만, 다층 구조의 목탑에서 기둥의 하중을 줄이는 데 중요한 역할을 하는 서까래를 좀 더 튼튼하게 받치기 위해 창방 위에 다포 양식에 들어가는 평방공포 등을 떠받치기 위해 기둥과 창방 위에 올려놓은 넓직하고 두꺼운 가로재이라는 부재를 올렸다. 이로써 주심포이면서 다포인 보탑사만의 독특한 공포 양식이 만들어졌다. 목탑에만 있는 구조가 아닐까 생각한다.

공포 위에는 장여, 도리, 서까래, 초매기 평고대, 부연, 이매기 평고대, 연함 등을 차례로 올린다. 도리는 들보와 직각으로 기둥과 기둥을 연결하고, 장여는 그 도리를 받치고 있는 부재이다. 여기까지를 흔히 축부재라고 한다.

서까래연목는 지붕틀을 구성하는 가늘고 긴 부재이고, 부연은 처마 서까래의 끝에 덧얹는 직사각형의 서까래로, 처마 서까래보다 밖으로 내민 부재다. 평고대는 처마 서까래나 부연의 끝에 가로로 걸쳐 댄다. 마지막으로 연함은 반달 모양으로 깎아 평고대 위에 올린 부재인데, 그 위에 암막새 또는 암키와를 놓는다.

이렇게 여러 부재들이 차곡차곡 쌓이면서 횡과 수직으로 결구되는 과정에서 한옥의 견고함이 나온다. 따라서 어느 한 부재도 소홀히 다룰 수 없다.

처마 내밀기와 서까래 걸기

한옥 지붕의 대표적인 특징 중에 하나는 서까래를 걸고 처마^{지붕의 도리 중심에서 밖으로 나온 부분}를 만드는 것이다. 서까래를 걸어 지붕을 완성하면 집 짓는 공정상 어렵고 중요한 부분은 거의 마무리되었다고 할 수 있다.

처마는 단순히 멋으로 빼는 게 아니라 여러 가지 중요한 기능을 담당한다. 첫 번째 역할은 바깥의 햇볕이 집 안으로 바로 들어오지 않게 하고, 마당에 떨어진 빛이 간접조명으로써 집 안에 들어오게 하는 것이다. 두 번째 역할은 비를 막아 주는 것이다. 아주 옛날에 집을 지을 때는 수혈식이라고 하여 땅을 파서 가운데 화덕을 놓고 그 위에 지붕을 씌워 비를 피하도록 했다. 이때 집은 처마가 거의 없는 형태였다. 그러다가 세월이 지나면서 기둥을 세워 한쪽 지붕을 들어 올린 형태로 집을 짓기 시작했다. 더 세월이 흐른 뒤에는

안성 해주 오씨 정무공파 종중 재실 처마

양쪽 다 들어 올리게 되었다. 이렇게 지붕을 땅에서 들어 올리면 생기는 것이 처마인데, 그곳에 곡식 같은 것을 놓고 저장을 했다. 그런데 비가 들이치면 저장한 곡식이 젖으니 처마를 점점 더 길게 뺐다. 그리고 길어진 처마의 무게를 지탱하기 위해 기둥 위에 나무 부재를 덧대게 되었다.

한옥의 처마는 수천 년 동안 지속된 우리나라의 기후에 맞게 각도가 만들어졌다. 그렇게 만들어진 처마의 각도가 신기하게도 우리 눈썹의 각도와 같다. 우리 신체에서 외부로 노출된 부위 중 가장 잘 보호해야 할 부분이 눈이다. 그래서 눈썹이 있는 것이다. 한옥에서 눈썹과 같은 역할을 하는 것이 처마다. 즉 처마는 집을 보호하기 위해 만들어진 것이다. 처마의 기울기는 1년 강수량과 관계가 있다. 비가 많이 오면 비가 빨리 빠지라고 처마의 기울기가 가파르고, 반대로 비가 적게 오면 천천히 빠지라고 기울기가 덜 가파르다.

처마의 세 번째 역할은 온도 조절 기능이다. 처마로 들어온 바람이 빠져나가지 않고 처마 아래에서 맴돌며 공기주머니를 만든다. 이 공기주머니는 외부의 뜨거운 열기를 차단하는 효과가 있다. 그리고 차가운 실내 공기가 밖으로 나가는 것도 막아 준다. 그래서 한옥은 여름에는 시원하고 겨울에는 따뜻한 것이다. 한옥의 이런 효과에 가장 큰 비중을 차지하는 것이 바로 처마 각도다. 처마의 길이를 늘이면서 옆으로만 길게 빼면 바람이 들어왔다가 바로 빠져나간다. 그러면 공기주머니 효과가 생길 수가 없다. 그래서 처마의 각도가 중요하다. 지붕 두께의 영향도 있다. 지붕에 흙을 두껍게 발라 더위나 추위를 막는다.

이러한 한옥의 눈썹 각도를 가진 처마를 현대식 아파트 창문이나 바닷가 방파제에 적용해 보면 어떨까 하는 생각을 한다. 아파트에 적용할 경우 실내 온도 조절 기능으로 에너지 절약에 도움이 될 것이고, 바닷가의 경우에는 모래의 침식을 줄이는 효과를 볼 수 있을 것이다. 특히 모래 침식이 심한 바닷가에서는 꼭 한 번 적용해 봤으면 좋겠다. 적용 방법은 간단하다. 방파제 위쪽에 한옥 지붕처럼 처마를 달아 놓기만 하면 된다. 바람과 함께 밀려온 파도가 방파제 벽에 부딪치면서 빠른 속도로 바닥의 모래를 함께 쓸고 나가는 것이 모래 침식의 가장 큰 원인이다. 그런데 처마를 달아 놓으면 처마의 공기주머니 효과에 의해 파도가 쓸려 나가는 속도가 현저히 줄어들게 될 것이다. 그러면 자연히 바다의 모래도 그만큼 덜 쓸려 나가지 않을까?

서까래는 지붕틀을 구성하는 기본 부재로, 서까래의 길이와 굵기, 간격에 따라 지붕의 모양과 크기에 맞춰 서까래의 개수를 정하고 지붕틀을 짜야 한다. 서까래를 치목할 때는 전부 일자로 곧게 하는 것이 아니라 미리 계산된 처마 곡에 맞춰 나무의 휜 부분을 살려 치목해야 서까래를 걸었을 때 들뜨는 부분이 없이 오래간다. 그런데 그렇게 일일이 처마 곡에 맞춰 휜 나무를 구해 치목하는 것은 쉬운 일이 아니다. 그러다 보니 요즘엔 그냥 일자로 치목하여 걸고 들뜨는 부분에 나무 조각을 괴어 못질을 해 놓는다. 그렇게 하면 아무래도 내구성이 떨어지고 오래가지 못한다. 옛날 방식으로 제대로 하려면 도리 위에 8푼~1치(2.4~3센티미터) 정도 두께의 각재를 대고, 그 위에 지붕 곡선에 맞춰 치목한 서까래를 설치한 후 각재를 빼내면 지붕 하중에 의해 도리와 서까래가 꽉 물리듯이 밀착된다. 이렇게 하면 좀 더 튼튼하고 시간이 흐른 뒤 변형도 적다. 보탑사 목탑의 서까래는 전부 이런 전통 방식으로 걸었다.

보탑사 목탑 처마는 서까래만 천여 개 가까이 들어갔다. 준비한 서까래의 길이를 모두 1자씩 잘라내는 수고를 했지만, 덕분에 깊고 아름다우면서도 안정적인 처마 곡선이 완성되었다. 보탑사의 경우는 나로서도 처음 해 보는 큰 공사였기 때문에 시행착오를 겪었다. 하지만 일반 가정집이나 규모가 작은 한옥을 지을 경우에는 경험 많은 기술자나 도편수에게 맡기면 그런 시행착오를 따로 겪지 않아도 될 것이다.

계산된 처마 곡선에 맞게 서까래 치목하기

추녀 걸기

처마의 우아한 곡선은 한옥의 백미다. 바로 이 처마 곡선의 각도를 좌우하는 것이 추녀와 선자서까래다. 추녀를 사이에 두고 서까래를 추녀 쪽으로 부챗살 모양으로 붙여 나가는 것을 선자서까래라고 한다. 선자서까래는 처음부터 휘어진 목재를 구하고, 서까래보다 한두 치 더 큰 나무를 구입해서 맞춘다. 이는 매우 까다로운 작업이다. 그런데 선자서까래를 치목 또는 조립할 줄 몰라서 선자서까래 밑에 송판을 잘라 붙이거나 그냥 서까래를 설치하여 눈속임하는 자격 없는 도편수도 있다.

이처럼 처마에는 기능적인 면도 있고, 아름다움도 있다. 또한 자연에 순응하는 맛도 있고, 기후에 적응하는 지혜도 있다.

선자서까래

좋은 한옥 짓기 Tip
보첨

단원 김홍도의 〈삼공불환도〉 중 일부, 삼성미술관 Leeum

처마를 좀 더 길게 빼기 위해 처음부터 서까래를 길게 쓰기도 하지만, 자칫 지붕이 무거워 보일 수 있기 때문에 서까래를 길게 치목하는 것만이 능사가 아니다. 그럴 때는 서까래 위에 이중으로 덧붙이는 보첨(補簷)을 하기도 한다.

덧처마라고도 부르는 보첨과 관련하여 재미있는 자료가 있는데, 바로 단원 김홍도의 그림 〈삼공불환도(三公不)換圖)〉이다. 이 그림의 일부에서 조선 후기 사대부들이 살았던 한옥의 형태를 볼 수 있다. 이 그림에 그려진 사랑채 처마에 송첨(松簷)이 되어 있는 것이 보인다.

송첨이란 소나무 가지를 잘라서 묶은 서까래로, 처마에 걸어 놓으면 집 안으로 솔향기가 은은하게 들어오면서 햇빛과 비를 막아 주었다. 소나무 가지를 처마 밑에 달면 향기도 좋고 소독의 효능도 있다. 소나무 밑에서 한 시간 쉬는 게 다른 나무 밑에서 열 시간 쉬는 것보다 몸에 좋

보탑사 미소실의 보첨   해주 오씨 덕파루 보첨

다. 소나무 밑에서는 잡풀도 자라지 않는다. 그래서 우리나라 소나무를 최고라고 한다. 하지만 이런 송첨은 사시사철 즐길 수 없다. 여름 더위와 장마가 지나고 나면 솔잎이 다 말라버리기 때문이다. 가을이 되어 푸른 솔잎이 붉게 변하면 송첨을 걷어낸다. 가을에는 비도 적게 오고 집 안에도 햇빛이 들어와야 하므로 걷어내는 것이 오히려 좋다. 그리고 걷어낸 소나무는 겨울에 불쏘시개로 썼다. 그러다 이듬해 봄이 되면 다시 소나무 가지를 꺾어 처마 밑에 쫙 걸어 놓았다. 송첨은 일반 백성은 엄두도 못 내고 재력과 권력을 갖춘 양반이나 누릴 수 있는 호사였다.

요즘엔 돈이 있어도 소나무를 함부로 베면 법에 저촉되므로 옛날 양반처럼 송첨을 할 수가 없다. 그래서 재목으로 나온 소나무로 판을 짜서 서까래에 덧붙인다. 그게 보첨이다. 보첨은 처마를 넓게 쓰기 위해 처음 집을 지을 때부터 계획해서 붙이기도 하고, 나중에 필요에 의해 붙이기도 한다.

좋은 한옥 짓기 Tip
하앙식 구조

처마를 길게 빼는 방법 중에 '하앙식(下昻式)'이라는 특수한 공포가 있다. 이것은 서까래 위에 또 서까래를 얹어 처마를 길게 빼는 공법으로, 일본이나 중국에는 하앙식 공포 방식으로 처마를 뺀 건물이 많이 남아 있다. 그러나 우리나라에는 하앙식으로 지은 전통 건축물이 거의 남아 있지 않고, 완주에 있는 화암사 극락전이 유일하다.

하앙식은 하앙이라고 부르는 살미부재를 서까래와 기울기가 같도록 시공해서 지렛대 원리로 상부의 도리를 받치는 것이 특징이다. 그런데 비가 적게 오거나 비가 많이 와도 습도가 일정한 중국이나 일본의 경우는 괜찮지만, 우리나라처럼 계절에 따라 강수량과 습도의 편차가 큰 나라에서는 나무가 쉽게 뒤틀리기 때문에 하앙식을 쓰면 처마가 잘 무너진다. 우리나라에 하앙식으로 처마를 뺀 전통 건축물이 많이 남아 있지 않은 이유가 바로 그 때문이다.

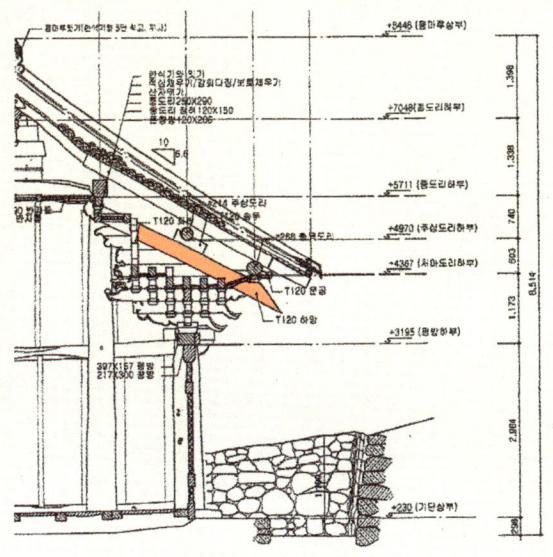

화암사 극락전 뒷면 하앙

화암사 극락전 전면과 공포

공주 임류각의 하앙식 공포 모습

현대에 들어서는 공주의 임류각을 복원하면서 하앙식을 도입했다. 나는 일본이나 중국을 다니면서 하앙식을 많이 봤지만, 함께 일하는 공사 책임자인 윤철중(현 가산종합건설(주) 사장) 현장소장이나 도편수 조희환 씨에게는 하앙식 처마 도면이 생소하기만 했다. 그래서 두 사람과 함께 4박 5일 동안 일본으로 답사를 가서 설명해 주었다. 설명이야 현장에서 해도 그만이지만, 일하기 전에 마음가짐을 다지고 자신감을 갖게 하는 의미로 그렇게 한 것이다.

하앙식을 소개하면서 이러한 일화를 덧붙이는 것은 일하는 사람의 자세에 대한 이야기를 하고 싶어서다. 나는 어떤 공사를 하든지 그 배경이 되는 지식을 반드시 습득하고 이해하려고 노력한다. 천주교 순교자 김대건 신부의 순교성지인 서부이촌동 새남터의 골조 공사를 할 때는 공사 시작 전에 김대건 신부의 발자취를 따라서 마카오에 다녀왔다. 그분의 심성을 이해하고 다가가고자 함이었다. 그런 마음가짐으로 건축을 해야 좋은 건물을 지을 수 있다는 믿음 때문이다. 천도교(동학)의 경주 용담정 공사를 할 때도 될 수 있으면 천도교의 교리를 알고 지으려고 노력했다. 해주 오씨 정무공파 재실 공사를 할 때도 마찬가지였다. 집안 대대로 이어진 역사를 이해하기 위해 각종 문헌과 책을 찾아서 공부하고, 선조의 위패를 모시는 후손들의 마음을 최대한 따라가려고 했다. 나는 이런 마음가짐을 후배들에게도 자주 이야기한다.

기와 잇기

대개는 여름 장마가 시작되기 전, 혹은 추운 겨울이 시작되기 전까지 지붕을 완성하도록 작업 일정을 짠다. 시기상으로 장마나 혹한이 닥치기 전에 지붕을 올리기 힘들다면 아예 시작 자체를 하지 말고, 장마나 혹한이 끝나는 시기로 공사를 미루는 것이 현명하다. 특히 기와 잇기는 흙을 바르는 작업이 함께 이루어지기 때문에 비나 눈이 올 때는 작업하기가 힘들다. 일단 기와 잇기까지 끝나면 나머지 작업은 비가 와도 지붕 아래서 할 수 있기 때문에 여러모로 유리하다. 하지만 벽선이나 내부 목공사는 지붕을 끝낸 후 3일이나 5일 후에 한다. 그래야 목재가 휘어짐을 막을 수 있다.

지붕의 물매는 오랜 세월이 지나면서 비가 흘러내릴 수 있는 형태로 점차 자리 잡아 현재에 이른다.

기와는 크기에 따라 소와, 중와, 대와, 특대와로 나뉜다. 소와는 주로 담장이나 협문, 조그만 건물을 지을 때 쓰고, 중와는 살림집이나 규모가 작은 건물을 지을 때, 대와는 골이 길고 큰 집에 쓴다. 또한 기와는 모양과 쓰임에 따라 암키와, 수키와, 막새, 망와 등으로 나뉜다. 특히 막새와 망와는 기능적인 면에서뿐만이 아니라 한옥의 개성과 예술성을 드러내는 역할을 한다.

망와 밑에 있는 머거불에는 그 건물의 역사 같은 것을 새겨 넣는데, 안성 해주 오씨 정무공파 종중 재실의 경우에는 '해주 오씨 정무공파 2010'이라고 썼다. 나중에 후손들이 이 기와를 보고 건물의 용도와 역사를 알 수 있도록 한 것이다.

기와는 앞서 이야기한 것처럼 집을 짓고자 하는 곳에서 가장 가까운 지역에서 구운 기와를 쓴다. 면역성이 같기 때문이다. 요즘에는 강도 때문에 재래식 기와보다 기계식 기와를 많이 사용하는데, 그러다 보니 재래식 기와보다 상대적으로 이끼나 곰팡이가 덜 피고 풀도 잘 자라지 않는다. 그런데 지붕 색이 자연스럽게 나오게 하려면 이끼나 곰팡이가 피는 게 좋다. 너무 새것 같은 느낌보다는 조금 낡은 느낌을 주어야 집에 운치가 있기 때문이다. 그래서 요즘에는 기계식 기와에 이끼나 곰팡이가 빨리 피게 하려고 기와 표면에 차좁쌀로 풀을 쑤어 바르기도 한다.

암키와를 이을 때는 대개 3단 잇기를 한다. 중와의 경우 길이가

안성 해주 오씨 정무공파 종중 재실 망와와 그 밑의 머거불

36센티미터, 폭이 30센티미터다. 이때 12센티미터마다 한 단씩 3겹을 겹쳐 올리는 것을 '3단 잇기'라고 한다. 그런데 이런 기본을 무시하고 18센티미터마다 한 단씩 2겹으로 올리는 경우를 종종 보게 된다. 이렇게 하면 기와가 3분의 2밖에 들어가지 않는다. 예를 들어 전체 지붕을 3단 잇기로 올리는데 기와가 3천 장이 필요하다면, 2단 잇기로 하면 2천 장만 있으면 되는 것이다. 이렇게 지붕을 올리면 겉으로 보기엔 멀쩡해도 얼마 지나지 않아 비가 새는 등 문제가 발생한다.

기와를 덜 쓰기 위해 팔작지붕의 합각머리를 낮게 하는 경우도 있다. 합각머리가 낮다는 것은 지붕의 높이가 그만큼 낮다는 것이고, 기와도 그만큼 덜 들어간다. 하지만 한옥의 지붕 물매는 수천 년 동안 내린 강우량에 맞게 형성된 것이고, 앞으로 비가 더 많이 올 것으로 예상되므로 기와가 많이 들어가더라도 합각머리를 높게 하는 것이 좋다.

또한 합각머리를 높게 하면 시각적으로도 아름답고 다양한 무늬를 넣을 수 있어서 좋다. 나는 한옥을 지을 때 합각머리만큼은 그 집 주인의 취향이 꼭 반영되도록 신경을 쓰고, 될 수 있으면 집 주인이 직접 문양을 그려 넣을 수 있도록 돕고 있다. 안성 해주 오씨 정무공파 종중 재실의 지붕 공사를 할 때도 종중의 총무인 오세정 씨에게 합각머리의 문양을 마음대로 넣어 보라고 했다. 그렇게 완성된 것이 지금의 모습인데, 9개의 꽃잎 모양은 아홉 분의 해주 오씨 정무공파 선조를, 그 밑의 동그라미는 현재의 종중을 상징하고, 맨 밑의 물결 모양은 후손들이 바다처럼 널리 퍼져 나가라는 뜻을 담고 있다. 또 문양을 전체적으로 보면 한글로 '오'자라는 글씨도 된다.

이렇게 해 놓으니 직접 문양을 넣은 오세정 총무는 물론이고, 종중의 오필환 회장과 오주환 의장도 볼 때마다 흐뭇한 미소를 지으며 좋아한다. 문중 사람이 재실을 짓는 데 직접 참여했다는 사실이 뿌듯하고 자랑스러운 것이다. 그래서 사람들이 올 때마다 자랑하기에 여념이 없다.

보탑사 목탑에서는 기와를 이을 때 흙을 최대한 줄였다. 원래 일반 한옥에서는 기와를 잇기 전에 지붕에 강회다짐과 보토를 하는데, 보탑사 목탑의 경우에는 이 과정을 생략했다. 흙의 무게로 지붕이 무거워지면 집 전체가 받는 하중이 커져 부재들이 휘거나 부러지는 부작용이 생길 것을 우려한 것이다. 대신 삼각형 나무틀로 기와 골을 짜고 그 위에 기와를 얹었다. 그리고 기와가 바람에 날아가지 않도록 구멍을 뚫고 동선으로 엮어 묶은 후 끝에 못을 박아 고정했다. 그리고 수막새가 미끄러지는 것과 와정이 부식되

안성 해주 오씨 정무공파 종중 재실 합각머리

보탑사 목탑 처마 끝의 백자 연봉

보탑사 기와 잇기

여러 문양의 합각머리

는 것을 막기 위해 연봉을 씌웠다. 연봉의 모양은 우리나라에서는 연꽃 같은 식물 형태의 문양을 주로 만들어 썼고, 중국에서는 원숭이 같은 동물 형상을 한 것이 많다.

  이렇게 기와를 잇는 것도 전통 기와 잇는 법 중 하나지만, 지금은 거의 쓰지 않는 기법이다. 흙으로 하는 것보다 돈이 훨씬 많이 들고 품도 많이 들기 때문이다. 하지만 높이 올라가는 건물의 견고성을 고려하여 특별히 그렇게 했다. 일반 살림집에는 적용하기 힘들지만, 옛날에는 용마루 중앙에 천계하늘의 닭를 놓은 것이 있었고, 그 후 함석 물받이에 새 모양을 만들기도 했다. 규모가 큰 사찰에서 적용할 수 있는 방법이다.

상륜 올리기

보탑사 목탑은 3층 지붕 공사까지 다 마무리된 후 꼭대기에 상륜을 설치했다. 상륜이란 불탑 꼭대기에 올리는 원기둥 모양의 쇠붙이 장식을 말하는데, 피뢰침의 역할도 할 수 있도록 시공하였다.

역시 목조 건물에서 가장 큰 고민은 벼락 문제이다. 황룡사 9층 목탑은 591년 동안 서 있으면서 다섯 번의 벼락을 맞았다고 한다. 그럼 평균적으로 120년에 한 번꼴로 벼락을 맞은 셈이다. 그런데 그 벼락으로 불타 없어진 것이 아니라니 참으로 용하다.

그렇다면 황룡사 9층 목탑은 어떻게 벼락을 맞고도 무사할 수 있었을까? 지금 우리가 사용하는 피뢰침은 18세기에 서양에서 발명된 것인데, 그 옛날에는 이 문제를 어떻게 해결했을까? 이러한 의문점을 해결하고자 공사를 하다 말고 인도로 갔다. 그곳의 높은 건물들은 어떤 방식으로 벼락을 막고 있는지 보름 정도 조사했다.

그 결과 인도에서는 주로 구리철사를 이용하고 있었다.

돌아와서 곧바로 상륜 제작에 들어갔다. 상륜은 최교준 야철장이 만들었는데, 옛날식으로 만들 것인가 현대식으로 만들 것인가 고민을 많이 했다. 그리고 결국 두 가지 방식을 적절히 혼합하기로 했다. 우선 동으로 상륜의 몸체를 만들고 거기에 벼락을 막기 위한 피뢰침으로 백금을 설치하기로 했는데, 백금만 80냥 정도가 들어갔다.

그때 어떤 보살님이 상륜 만드는 제작비를 시주하고 싶은데 얼마가 드느냐고 물었다. 그래서 5천만 원이 든다고 했더니 그 돈을 전부 시주했다. 당시 목탑 공사에 들어가는 공사비가 모자라서 몇 번 중단될 위기가 있었다. 그런데 그때마다 이 보살님처럼 흔쾌히 큰돈을 시주하는 분들 덕분에 다행히 큰 차질 없이 공사를 진행할 수 있었다. 특히 상륜 제작비를 시주한 분은 삼선포교원 시공 당시에도 상륜 제작비를 시주했다고 한다. 참으로 고마운 일이다.

상륜을 다 만든 다음에는 상륜에 옻칠을 했다. 그래야 상륜에 벼락이 떨어지는 것을 막을 수 있다고 하여 그렇게 한 것이다. 옻칠을 하고자 최교준 야철장이 나이가 지긋한 옻칠 전문가를 모셔 왔는데, 큰 온돌방에 상륜을 집어넣더니 아궁이에 장작불을 엄청나게 때는 것이었다. 동 표면을 뜨겁게 한 상태에서 옻을 칠해야 잘

보탑사 상륜과 동자상

입혀지기 때문에 그렇게 하는 것이라고 한다. 그런데 그 방 온도가 얼마나 높은지 사람이 들어가면 거의 숨을 못 쉴 정도였다. 그런 곳에 들어가 옻칠을 하니 그 정성도 대단한 것이었다.

그렇게 제작된 상륜은 높이가 33척^{약 10미터}이나 되었다. 가상으로 막대기를 가로세로 세워 보았지만 너무 큰 것이 아닌가 하는 생각도 들 정도였다. 하지만 막상 목탑 맨 꼭대기에 상륜을 올리고 보니 크기가 적당한 것이 비례가 딱 맞았다.

상륜이 자리를 잡은 후에는 사방으로 동자상을 세워 상륜과 줄로 연결했다. 이 부분은 보탑사 목탑을 어떤 심성으로 일반에게 보여 줄 것인가 고민한 결과로, 천상에서 동자승 네 명이 목탑에 줄을 매고 내려오는 장면을 연출한 것이다. 불교에서 말하는 '하생경^{미륵불이 세상에 내려와 중생을 구제한다는 내용의 경전}'의 뜻을 담고자 했다.

밑에서 올려다 보면 동자상의 크기가 작아 보인다. 하지만 실제 크기는 80센티미터가 넘는다. 처음에는 동자상을 30센티미터 정도 크기로 만들었다. 그런데 지붕 위로 올라가서 설치해 보니 밑에서 작은 점으로밖에 보이지 않았다. 그래서 동자상을 다시 크게 만들었다. 이처럼 목탑의 세세한 부분까지도 시각적으로 많은 신경을 썼다. 보탑사 목탑의 상륜과 동자상은 그런 노력의 정점에 있다고 할 수 있다.

구들 놓기

예부터 햇빛이 많은 광부국光富國인 우리나라에서는 손님이 오면 주로 햇볕에서 가장 먼 뜨뜻한 아랫목에 모셨고, 햇빛이 적은 광빈국光貧國인 서양에서는 햇볕이 가장 잘 드는 창가에 손님을 모셨다. 이것이 동서양 접대 문화의 차이다. 그런 문화 때문에 서양 사람들이 신고 정신이 강한지도 모르겠다. 항상 창가 쪽에 앉아 있으니 집 밖에서 일어나는 일에 민감할 수밖에 없는 것이다. 어쨌든 구들은 우리의 전통문화를 대표하는 한옥의 가장 큰 특징 중 하나다.

보일러가 보급되면서 한옥에도 대부분 보일러를 깔지만, 가끔 전통식 아궁이와 구들을 놓고 싶다는 사람들이 문의를 한다. 아무래도 사람들이 건강에 관심이 많아지면서 전자파에 대한 걱정 때문인지 전기로 돌리는 보일러 대신 나무를 때는 아궁이를 만들고 싶어 하는 것 같다. 확실히 전통 구들이 우리 몸에는 더 좋다.

보일러 온돌에는 아랫목 윗목의 구분이 없지만, 아궁이에 불을 때는 전통 구들에는 아랫목 윗목 구분이 확실하게 있다. 아랫목은 뜨겁고 윗목은 차다. 그래서 방 안의 공기가 온도 차이에 의해 순환한다. 우리는 대개 머리를 위, 발을 아래라고 하지, '머리 아래', '발 위'라는 말은 하지 않는다. 거꾸로 드러누워도 마찬가지다. 방향과 상관없이 머리가 있는 쪽이 항상 위고, 발이 있는 쪽이 항상 아래다. 그와 마찬가지로 구들의 위치도 방향과 상관없이 아궁이 쪽이 항상 아랫목이고 아궁이에서 먼 곳이 윗목이 된다.

원래 사람의 몸은 배꼽 아래는 따뜻하고 그 위로는 차가워야 좋다. 그래야 잠도 푹 잘 수 있다. 많은 사람들이 그걸 아니까 전통 구들을 찾는 것이다. 옛날 구들방에서 노인네들 드시라고 놋그릇에 물을 담아 머리맡에 두고 자면 그 물이 꽝꽝 얼 정도로 윗목이 찼다. 그래도 아랫목은 절절 끓었다. 그런 상태로 잠을 잔 뒤 기지개를 켜면 개운하게 일어난다. 그런데 요새는 잠을 자면 개운하게 바로 일어나지 못하고 "3분만 더, 5분만 더" 그런다. 그만큼 피곤함을 느끼는 것이다.

도시 생활을 하면서 아궁이에 땔감을 때는 전통 구들 방식을 고수하기는 힘들겠지만, 보일러라도 옛날 방식을 응용해서 깔 수는 있다. 온수 배관이나 전기선을 아래는 촘촘히 깔고 위는 넓게 깔아서 아랫목과 윗목의 효과를 내는 것이다.

구들은 놓는 방법에 따라 쪽구들, 골구들, 막구들 등 종류가 대여섯 가지 정도 되며, 어느 방향에 아궁이를 만드느냐에 따라 구들 놓은 방법과 형태가 달라진다. 고구려 벽화에도 나오는 것처럼 북방 지역에서는 말을 타는 생활을 했기 때문에 구들을 방 전체에 놓지 않고 반만 놓았다. 반은 구들이 있는 방이고, 나머지 반은 그냥 흙바닥인 형태다. 이를 고구려식 반구들이라고 한다. 고구려식 반구들의 높이는 맨바닥에 의자를 놓고 앉았을 때의 높이와 같다. 말에서 내려 신발을 신은 채로 뜨뜻한 구들에 누워 잠을 자다가 유사시에 빨리 말을 타고 나가 적을 막기 위한 구조였다. 이러한 쪽구들은 고구려 시대에 많았고, 중국 여러 지역에서도 발견되고 있다. 반면 농업이 발달한 남쪽 지방에서는 주로 마루가 발달했다.

쪽구들의 굴뚝은 바로 위로 빠지지 않고 벽을 많이 돌아서 빠진다. 두꺼운 벽 사이에 공간을 두고 그 길을 따라 연기가 빠지게 한다. 그렇게 벽을 데워서 보온 효과를 높였다. 추운 지방이니 벽도 차가워지지 않게 하려는 것이다. 요즘 현대식 한옥에서는 침대를 대신해 쪽구들을 만들어 보는 것도 좋을 것 같다. 좌식 생활이 불편하다면 쪽구들을 응용한 반입식 온돌로 변화를 줄 수 있을 것이다. 건축주와 시공자가 함께 상의해 볼 만하겠다.

　그런데 구들은 생각보다 굉장히 넓은 지역에 분포되어 있다. 보탑사를 지을 때 연구 차원에서 여러 지역을 돌아다녔는데, 중국 끝에 위치한 우루무치, 투루판, 카슈가르까지 구들이 퍼져 있었다. 구들을 놓고 생활하는 민족이 그만큼 많다는 얘기다. 요즘엔 서양에서도 한국식 구들을 연구하는 건축가들이 많다. 구들의 우수성 때문이다.

마루 설치하기

 마루는 '크고 높다'라는 뜻이다. 산마루라 하면 산의 가장 높은 봉우리를 말하고, 용마루라 하면 한옥 지붕의 가장 높은 곳을 말한다. 마찬가지로 한옥의 마루 역시 집 안에서 가장 높은 곳이라는 뜻이다. 마루는 방과 방 사이에 주로 있는데, 마루의 바닥은 방보다 2치^{6cm}~5치^{15cm} 정도 높다.

 마루는 주로 서서 다니는 공간이기 때문에 천장 높이도 방보다 높아야 한다. '자기의 선 키+자기의 선 키'가 마루의 높이가 된다. 이는 전통 건축 현장에서 널리 통용되는 기준이다. 반면 방은 주로 앉아서 생활하기 때문에 마루보다 낮게 '자기의 앉은 키+자기의 선 키' 높이로 한다.

 마루를 놓을 때는 나무 두께에 신경 써야 한다. 옛날에는 통나무를 반으로 잘라 마루를 놓아서 상관없었지만, 요즘은 판으로 잘라

머름(창틀 높이)은 사람의 가슴 두께 2개 높이(42cm)만큼 높다.

마루 밑에는 소금 항아리를 묻어 벌레를 막는다.

진 나무를 쓰기 때문에 나무의 두께가 너무 얇으면 걸어 다닐 때 쿵쿵 소리가 난다. 그래서 최소한 2치가 넘는 나무판으로 마루를 놓아야 한다.

전통식 마루는 보통 우물마루라고 해서 우물 정 자 모양으로 짜는데, 못을 쓰지 않는 것이 특징이다. 보탑사 목탑 내부의 1층 불당 바닥은 전통식 우물마루를 깔았다.

마루를 놓을 때 한 가지 빼놓지 말아야 할 과정이 있다. 마루를 다 놓기 전에 그 밑에 소금을 가득 넣은 항아리를 뚜껑 없이 한두 개 묻고, 흙바닥에 숯가루를 3센티미터 이상의 두께로 까는 것이다. 그렇게 해 두면 소금 항아리에서 올라온 염분기와 숯의 정화작용으로 마루 밑으로 벌레가 다니지 못한다. 이런 과정이 있었기 때문에 옛날에는 여자들이 마루 위에 치마를 펼치고 앉아도 벌레를 걱정하지 않았다.

옛날 대가족이 모여 살던 한옥에는 중앙 기둥의 바로 앞에 마루 쪽 하나를 일부러 놀게 만들어 놓기도 했다. 그 이유가 기발하면서도 재미있다. 마루 너머 건넌방에는 대개 며느리가 살았다. 그래서 시아버지가 들어올 때는 마당 또는 마루에서 헛기침을 했다. 며느리에게 시아버지가 들어왔다는 것을 알리기 위한 것이다. 그러면 며느리는 방에 누워 있다

전통식 우물마루

가도 벌떡 일어났다. 일종의 노크였던 셈이다. 그런데 시어머니가 들어올 때는 어떻게 했을까? 시어머니가 헛기침을 할 수 없으므로 대신 일부러 노는 마루 쪽을 밟아서 삐걱 소리가 나게 했다. 그러면 며느리는 그 소리를 듣고 시어머니가 들어오는 걸 알 수 있었다. 이런 작은 장치들이 한옥의 미적 감각이고 선조의 지혜다.

김대벽 선생이 살아 있을 때의 이야기다. 선생이 치아가 좋지 않아 틀니를 하게 되었는데, 틀니를 맞추면서 치과의사에게 구멍을 하나 뚫어 달라고 했다. 보통 틀니를 하면 음식물이 끼지 않는다. 그런데 일부러 구멍을 뚫어서 음식물이 끼도록 만든 것이다.

"음식을 먹고 나면 이 쑤시는 게 재미 아닌가?"

선생은 그렇게 말하며 식당에서 함께 음식을 먹고 나올 때면 언제나 이쑤시개로 틀니 구멍에 낀 음식물을 빼내는 즐거움을 만끽했다. 참으로 해학적이고 철학적이다. 마루를 일부러 한쪽이 놀게 만드는 것과 통하는 이야기다. 한옥에는 이렇게 멋스러운 이야깃거리가 많다.

그런데 전통 방식으로 깐 마루의 한 가지 단점은 시간이 지나면 나무가 뒤틀려서 틈이 생길 수 있다는 것이다. 이러한 단점을 해결하기 위해 여러 방법을 시도한 끝에 마루를 다 놓은 후 나무가 마르면 그 위에 니스 칠을 하는 것이 좋겠다는 결론에 이르렀다. 니스 대신 통기성이 좋은 투명 래커를 써도 좋지만, 래커는 가격이 비싸서 공사비 인상의 요인이 된다. 그러므로 비교적 가격이 저렴한 니스를 사용하는 방법을 택했다.

  니스는 나무 표면을 고정시켜 팽창이나 수축을 막아 주기 때문에 뒤틀림 현상이 거의 생기지 않는다. 그렇게 니스를 2~3회 정도 칠해 놓고 2~3년쯤 지난 후에 싹 긁어낸다. 그리고 그 위에 불린 콩을 갈아 무명천에 싸서 마루 표면을 문지르는 '콩땜'을 하면 깨끗하고 튼튼한 마루가 된다. 이런 방식으로 전통식으로 깐 마루의 단점을 보완하면서 여러 가지 장점을 그대로 누릴 수가 있다. 전통 방식과 현대 방식이 만나 한옥의 가치가 더욱 높아진 사례라고 할 수 있다.

토벽 미장하기

벽은 토종 흙으로 만들어야 한다. 우리가 어렸을 때는 흙벽이 많았고, 어린아이들이 그 흙을 긁어 먹기도 했다. 그런데 요즘에 흙벽은 고사하고, 길바닥에서도 흙을 찾아보기 힘들다. 한번은 세로토닌 문화원과 흙길 걷기 대회를 했는데, 1.5킬로미터 길이의 흙길을 찾지 못해 애를 먹었다. 그러다 겨우 찾아낸 곳이 대전에 있는 계족산성이었다. 그만큼 우리 주변에 흙길이 없다는 것을 그때 실감했다.

그런 귀한 흙으로 벽을 만든 후 초배지를 말라 도배를 하면, 벽에서 우리 몸에 좋은 음이온이 나와 건강하게 해 준다. 그런데 요즘에는 방음 문제 때문에 그냥 흙벽만 쓰기가 어렵다. 그래서 벽 안에 스티로폼이나 단열재, 방음지 등을 넣어 시공하는 방법도 쓴다.

전통 흙벽을 만들 때는 나무중깃대를 세우고 가로대를 대는데, 대개 대나무를 쪼개서 대고 흙을 바른다. 간혹 실수로 제재소에서 많이 나오고 쉽게 구할 수 있는 쪽대를 가져다 쓰는데, 그것은 쓰지 않는 것이 좋다. 그런 재료는 흙과 연결이 잘 되지 않는다. 자연적이지 않은 재료(기계를 댄 나무나 플라스틱 등)를 넣고 흙을 바르면 흙벽이 오래가지 않고 금방 금이 생기고 떨어져 무너진다. 그런 것도 모르고 아무거나 가져다 쓰고는 흙벽이 잘 무너진다면서 싫어한다. 안에 들어가는 재료를 자연 재료로 잘 쓰면 벌어지고 무너지는 일이 없을 텐데 말이다. 일을 잘못했기 때문에 그런 것을 애먼 흙벽만 나무란다.

대나무가 아니더라도 자연 소재로 된 것이면 무엇이든 흙벽의 가로대로 쓸 수 있다. 산에서 나는 싸릿대, 심지어 옥수숫대를 엮어서 대는 것도 좋다. 그러면 흙벽이 오래간다. 또한 흙은 약간 회색빛이 나는 죽은 흙을 쓰는 게 좋다. 주로 논흙을 많이 쓴다.

요즘에는 안쪽 벽에 황토를 바르는 경우도 많이 있다. 황토는 살균 작용을 한다. 물고기에는 '어(魚)'와 '치'라는 것이 있는데, 보통 비늘이 있는 물고기는 '어'라고 하고, 비늘이 없는 물고기를 '치'라고 한다. 그런데 비늘이 없는 물고기는 몸에 병균이 잘 들어가 피부병에 걸려 죽는 경우가 많다. 그렇기 때문에 이런 종류의 물고기들은 항상 흙 속에 자기 몸을 감춘다. 그만큼 황토는 살균 작용이 뛰어나다.

 황토를 벽에 바를 때는 큰 그릇에 황토를 넣고 물을 부은 후 막 젓는다. 그러면 붉은 물이 되는데, 그 물을 부은 다음 가만히 놔두면 입자가 아주 고운 황토가 가라앉는다. 그것만 거둬서 차좁쌀 풀을 쑨 것과 섞어 벽에 바른다. 그러면 몸에 좋은 황토벽이 된다. 시간이 지나서 황토 칠한 것이 떨어지면 그 위에 새로 바르면 된다.

 그런데 황토를 벽에 바를 때 주의할 점이 있다. 아무리 사람 몸에 좋다고 해도 황토를 집 전체 벽에 바르는 것은 좋지 않다. 특히 사람이 오래 머무르는 방의 벽에는 황토를 바르지 않는다. 황토가 우리 몸에서 살균 작용을 하다가 더 이상 균이 없는 상태가 됐을 때 알아서 작용을 멈추면 좋겠지만, 황토는 계속해서 살균 작용을 한다. 그러다 보면 나중에는 오히려 우리 몸에 좋지 않은 영향을 준다. 그래서 벽에 황토를 바른 방에서 생활하면 오히려 피로를 더 빨리 느끼게 된다. 특히나 몸이 좋지 않아 방에 며칠씩 누워 있는 사람에게는 황토의 지나친 살균 작용이 몸 상태를 더 안 좋게 만들 수도 있다고 예부터 어른들은 말씀하셨다. 우리나라 집 가운데 바닥, 벽, 심지어 지붕까지 황토를 바르는 집이 있는데, 바로 담뱃잎 말리는 집이다. 파란 잎을 따다가 누렇게 띄우는 집에서나 사방에 황토를 바르는 것이다.

전통식 벽 미장(왼쪽)과 현대식 벽 미장(오른쪽). 겉으로 보기에는 똑같지만 내부 구조에 차이가 있다.

황토를 방에 바르고 싶으면 바닥에만 바른다. 방바닥에 발라 놓은 황토는 그 위에 요를 깔고 머리에는 베개를 베고 자니까 괜찮다. 황토를 방이 아닌 마루의 벽에 바르는 것도 좋다. 마루는 왔다 갔다 하면서 잠깐 쉬는 곳이다. 오래 머무르지 않고 잠을 자더라도 잠시만 자는 곳이기 때문에 괜찮다.

좋은 한옥 짓기 Tip
현대식 벽 미장

최근에는 전통 흙벽 대신 전통 흙벽의 느낌이 나도록 현대식으로 벽을 미장하는 방법을 쓰는 경우도 있는데, 그것도 나름대로 괜찮은 방법이라고 생각된다. 보통은 기둥에 붙이는 벽선의 두께가 벽의 두께가 된다. 그런데 벽선 밖으로 나뭇조각을 덧대어 벽의 두께를 넓히고 내부를 채운 후 마감을 하면 흙을 하나도 쓰지 않고도 흙벽의 멋스러움은 그대로 살리면서 단열과 방음, 떨어지거나 금이 가는 것을 막는 효과를 볼 수 있다. 전통 방식의 한옥 짓기가 현대의 생활 방식에 맞지 않거나 불편하게 느껴진다면 이렇게 새로운 공법을 응용하여 한옥의 현대화를 꾀할 수 있다.

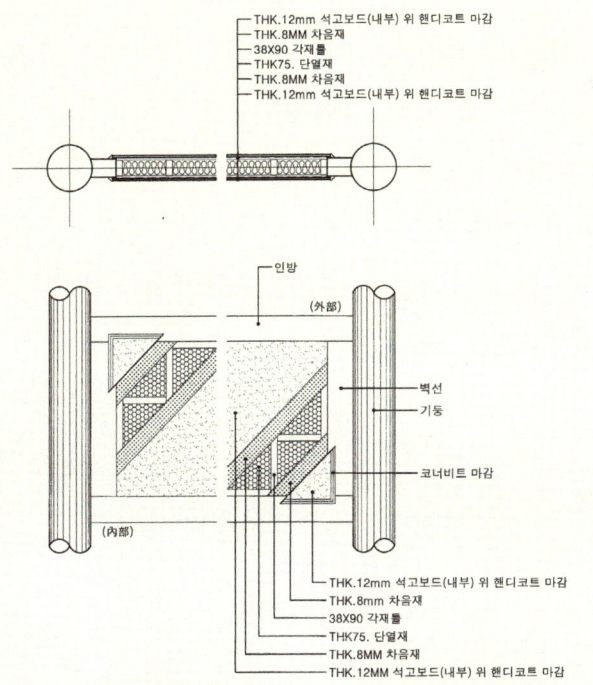

창호 달기

한옥의 창호는 나무로 틀을 짜고 문종이^{창호지}를 바른다. 문은 원래 3겹 문으로 해야 한다. 외문, 내문, 방충망, 이렇게 3겹이다. 외문은 밖으로 여는 여닫이 문이고, 내문은 옆으로 여는 미닫이 문이다. 외문, 내문 모두 공통으로 이중으로 문종이를 바른다. 그렇게 하면 단열이 굉장히 잘 되어서 요즘처럼 유리로 하는 것보다 보온 효과가 크다.

　문종이를 바를 때, 우리나라는 문 안쪽에 바르고 일본은 문 바깥쪽에 바른다. 흥미를 불러일으키는 문화 차이다. 우리나라는 주로 온돌이기 때문에 더운 공기가 바깥으로 나가지 말라는 뜻에서 안쪽에 바른다. 반면 일본은 밖에서 불어오는 염분과 습기가 있는 공기가 안으로 들어오지 말라고 바깥쪽에 바른다. 일본은 다다미를 사용하므로 습기가 방 안으로 들어오면 안 되고, 습기가 덜 들어오게 하기 위해 문종이를 바깥에 바르는 것이다.

　문에서 가장 문제가 되는 것은 뒤틀림이 생기는 것이다. 뒤틀림이 생기면 문과 문설주 사이가 벌어지는데, 여기에 문풍지를 발라서 해결한다. 조상의 지혜를 문풍지 하나에서도 엿볼 수 있다. 문풍지를 바를 때도 전체를 다 바르는 게 아니라 귀퉁이에 한 부분을 잘라 말아 올린다. 이러한 문풍지의 구멍은 일반 가정에서는 방 안의 공기가 순환하게 하는 통풍 구멍의 역할을 한다. 또한 사당이나 재실에서는 문풍지의 구멍을 일명 '귀신구멍'이라고 하는데, 조상의 혼령이 그 구멍을 통해 드나드시라는 의미로 뚫어 놓는다. 미신이라고만 할 것이 아니라 문 하나에도 조상을 모시는 정성을 담았던 것이다.

　문을 만들 때도 만드는 재료와 방법에 따라 가격이 천차만별이다. 그런데 요즘 싸게 짓는 한옥에서는 현대식으로 한다는 명분으로 문틀도 값싼 알루미늄으로 하는 경우가 많다. 그렇게 하면 가격은 떨어지지만, 전통문의 장점은 하나도 살릴 수가 없다.

　우리의 전통문은 '살문'이라고 한다. 전통 살문은 위와 아래에 가로 살대를 3~4칸씩 넣고 가운데 부분에 가로 살대 4~5칸을 넣는다. 이것이 조형미가 가장 뛰어난 살문의 형태로, 사람의 마음을

한옥의 살문들

편안하게 해 준다. 그런데 요즘 만들어진 문들을 보면 반대로 가운데에 4개를 넣고 위아래에 5개씩 넣어져 있다. 이것은 전통 방식의 살문이 아니다. 살문은 바깥문에 쓰고, 내문은 완자문이나 좀 더 화려한 문양을 넣는다.

단청 그리기

집이 다 지어지면 마지막으로 목재에 색을 입히는 작업을 한다. 옛날에는 칠을 할 때 황토로 흙칠을 하거나 불로 지져서 색깔을 냈다. 불로 지져 놓으면 곰팡이도 안 생기고 벌레도 못 들어간다. 또 들기름을 칠하기도 했다. 들기름을 칠할 때는 볶지 않은 깨로 짠 생들기름으로 바르는 것이 좋다. 생들기름을 칠하면 불그스레한 빛이 나고, 볶은 들기름을 바르면 색이 검어진다. 제일 안 좋은 것은 들기름에 석유 등 다른 물질을 섞는 것이다. 석유를 넣으면 기름의 양이 많아지고 잘 발리기 때문에 종종 섞는 경우가 있다.

 들기름을 바르면 먼지가 앉아서 보기 싫다고 하는 사람들도 간혹 있는데, 그것은 생각의 차이인 것 같다. 옛날에는 새로 막 지은 집이 너무 새집인 티가 나면 멋이 없다고 하여 고색창연한 느낌을 주려고 일부러 먹물을 타서 바르기도 했다.

최근에는 오일스테인을 많이 바른다. 오일스테인을 바르면 방충 효과도 있고, 색깔을 마음대로 낼 수 있다는 장점이 있으며, 나무의 수명도 굉장히 오래간다.

살림집이 아닌 절집이나 궁집에는 단청을 그려 집의 격을 더 높인다. 보탑사의 단청은 지금은 세상을 떠난 한석성 선생이 작업했다. 당시 내가 선생에게 단청을 맡기면서 한 말이 있다.

"선생님께서 달라는 금액을 드리겠습니다. 내일 아침에 단청을 다 그렸다고 하셔도 그 금액을 드릴 겁니다. 하얗게 칠해도, 까맣게 칠해도 그 금액을 다 드릴 겁니다. 그러니 선생님 마음대로 한번 해 보십시오. 그리고 지금 이 시간부터 설계하시는 분이나 감리하시는 분이나 스님에게 선생님께서 단청으로 뭘 그리든 아무 소리도 하지 말라고 하겠습니다. 까마귀를 그리든, 까치를 그리든, 참새를 그리든, 연꽃을 그리든 아무도 선생님께 말하지 말라고 하겠습니다. 저는 보탑사 목탑의 단청이 한석성 선생님의 작품으로 후손에 길이 남는다면 그것으로 됐습니다."

그리고 나서 6개월 뒤에 단청이 마무리되었다. 일이 끝나고 내가 약속한 금액인 1억 6천만 원을 드렸다. 그랬더니 선생은 그중 1,200만 원을 돌려주면서 이렇게 말했다.

"이 사람아. 내가 이번에 단청 한 번 마음대로 해 봤네. 이 돈은

여주 신륵사 극락전 단청

보탑사 단청

작업 중에 들어간 돈을 뺀 내 수입인데 내가 안 가지려네. 자네가 공사비로 보태 쓰게나."

그러고는 걸어가시는 모습이 마치 구름 위로 신선이 가는 것같이 보였다. 그때 장인의 마음이라는 게 이런 것이라는 걸 다시 한번 느꼈다.

이후에 선생이 불교 TV의 한 프로그램에 출연한 것을 우연히 보게 되었다. 선생은 방송에서 이렇게 말했다.

"내 평생 단청을 딱 한 번 제대로 한 것 같다. …… 그동안 많은 단청을 그렸지만 아무런 간섭을 안 받고 내 마음대로 단청을 그린 것은 보탑사 목탑 하나뿐이다."

자신의 최고 작품으로 보탑사 목탑을 꼽은 것이다. 그 모습을 보니 내가 도로 고맙고 기뻤다.

지금은 돌아가셨지만 한석성 선생이 1996년에 끝낸 보탑사 목탑의 단청은 아직까지 깨끗하다. 그때 재료도 천연 안료로 좋은 걸 썼다. 그림도 더할 나위 없이 잘 그려 지금 봐도 참 아름답다. 혼신의 힘을 다한 장인의 손길이 담긴 이 단청은 아주 오래도록 빛이 날 것이다.

담장과 석축 쌓기, 화계 만들기

흔히 담장을 쌓는다고 하면 무조건 수평으로 쌓아야 한다고 생각하기 쉽다. 그러나 원래는 수평으로 쌓으면 안 된다. 요즘 설계도면을 봐도 담장은 무조건 수평이 되게 설계한다. 하지만 도면에 나온 대로 쌓는 것이 아니라 지형에 따라서 시각적인 부분을 고려해 쌓아야 한다.

우리나라처럼 산이 많은 나라는 어딜 가나 언덕배기가 있다. 그래서 집과 면한 길도 수평이 아닌 경우가 많다. 이럴 때 담장만 수평을 맞춰 쌓으면 앞쪽이 들려 보인다. 그때는 항상 길의 높낮이에 담장의 높고 낮음을 맞춰야 한다. 보탑사 담장도 지형적 기울기를 고려해 시각적으로 안정되어 보이도록 쌓았다.

담장만 그런 게 아니다. 집도 무조건 수평으로 짓는 것이 아니라 뒤의 배경을 보고 지어야 한다. 집은 삐딱하게 지어야 바로 보인다

①은 지형의 기울기에 맞춰 쌓은 담장이고, ②는 지형과 상관없이 수평으로 쌓은 담장으로 앞이 높아 보인다.

는 말도 있다. 수평이 안 맞아야 수평처럼 편안하게 보일 수 있다는 말이다. 그래서 집 지을 곳의 자연환경, 즉 바람이나 비, 주변 산천의 경계 등을 모두 고려해야 한다. 보탑사 미소실의 용마루는 18센티미터 기울어 있고, 오래된 집 중에는 30~40센티미터까지 기울어 있는 곳도 있다. 그래도 우리 눈에는 수평으로 보인다.

집을 다 짓고 주위를 아름답게 정리하기 위해 석축을 쌓고, 집 뒤에 꽃을 심는 화계를 만들기도 한다. 석축과 화계도 아무렇게나 쌓는 게 아니라 쌓는 방법이 있다. 석축과 화계를 잘 쌓아야 집 안에 바람이 잘 통한다. 기껏 집을 잘 지어 놓고 석축을 잘못 쌓아 바람이 다니는 길을 막는 일은 없어야겠다.

전통 건축물 중에 바람이 잘 통하도록 석축을 쌓은 곳이 합천 해인사다. 해인사는 〈팔만대장경〉이 봉안되어 있는 곳으로, 목판의 보존을 위해서는 습기가 차지 않도록 하는 것이 중요하다. 그런 면을 잘 고려하여 석축 하나도 정성을 다해 쌓은 것이 엿보인다. 옛날 사람들은 돌 하나도 그냥 쌓는 법이 없었다.

석축을 쌓을 때는 전체 높이 4미터를 기준으로 3단으로 쌓는데, 전체 높이의 3분의 1에 해당되는 길이가 가운데 단의 높이가 되고, 남은 2.7미터의 3분의 1에 해당되는 길이가 맨 윗단의 높이가 된다. 그리고 나머지 1.8미터가 맨 밑단의 높이가 된다.

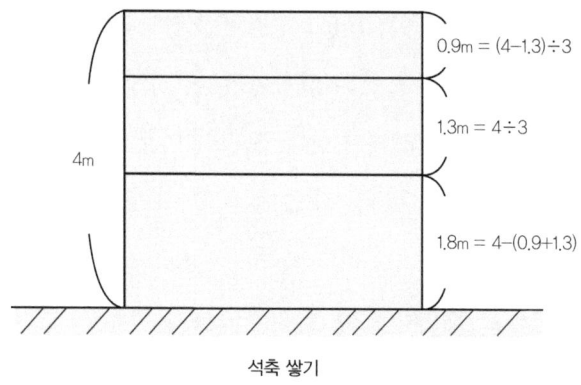

석축 쌓기

　이런 식으로 쌓아야 제대로 된 석축이다. 이렇게 쌓아야 사람들이 눈으로 볼 때 가장 심정적으로 편안하고 부드럽게 보인다. 그리고 그것이 바로 바람이 가는 각도이기도 하다. 이렇게 석축을 쌓고 화계를 조성해 놓으면 가서 보고 싶은 마음이 절로 생긴다. 안성 해주 오씨 정무공파 재실의 화계가 이렇게 쌓은 대표적인 석축이다.
　일본에서는 꽃을 정리할 때 집 앞마당에 화단을 만드는데, 우리는 집 뒤편에 화단이나 화계를 만들었다. 앞에 화단을 만든다는 것은 집에 출입하는 모든 사람들을 즐겁게 하기 위한 것이다. 반면 우리나라는 앞마당을 판판하게 정리하여 햇빛이 잘 들게 하고, 화단이나 화계는 집 뒤쪽에 기거하는 여자들을 위한 공간으로 만들었다. 옛날에는 여자들이 지금처럼 외출을 자유롭게 하지 못했고,

안성 해주 오씨 정무공파 종중 재실 석축

화단이나 화계를 만들 때는 처음부터 완벽하게 다 채우는 것이 아니라
무언가 하나가 부족하게 만든다.
그리하여 나중에 마님이나 아씨가 들어와 있을 때 완성된 느낌을 준다.
집은 아무리 잘 지어도 그 안에 사는 사람과의 조화가 어긋나면 결코 좋은 집이 되지 못한다.

집 안에 머무르는 시간이 많았다. 그런 만큼 여자들에게 공간의 아름다움을 선사하는 의미가 컸다. 서로를 아끼고 배려했던 마음을 엿볼 수 있다.

한옥 중에서 화계가 가장 잘된 곳은 낙선재라고 생각한다. 낙선재는 대한제국 마지막 황태자 영친왕의 비 이방자 여사^{1989년 4월 30일 작고}가 살던 집인데, 안주인의 취향이 잘 반영된 아름다운 곳이다.

화단이나 화계를 만들 때는 처음부터 완벽하게 다 채우는 것이 아니라 무언가 하나를 부족하게 만든다. 그리하여 나중에 마님이나 아씨가 들어와 있을 때 완성된 느낌을 준다. 집은 아무리 잘 지어도 그 안에 사는 사람과의 조화가 어긋나면 결코 좋은 집이 되지 못한다. 집의 완성은 결국 안주인의 손길에서 이루어진다.

마지막으로 마당을 정리한다. 마당에는 백토를 깐다. 백토는 화강석이 마모된 곱고 희고 불그스레한 빛깔의 흙이다. 백토를 마당에 깔면 물도 잘 빠지고, 무엇보다 빛을 반사시켜 집 안으로 햇볕이 많이 들어가게 해서 좋다. 여름에는 70도 각도, 겨울에는 35도 각도에서 햇볕이 집 안으로 들어온다. 그래서 겨울에는 햇볕이 더 길게 들어온다. 마당에 백토를 깔기 위해서는 그전에 물이 흘러가는 길을 잘 내서 비가 왔을 때 빗물이 천천히 빠지게 해야 한다. 빗물이 한꺼번에 빨리 빠지면 마당이 깎이기 때문이다.

낙선재 화계

보탑사

전통 한옥 건축의 진수

보탑사로 향하며 ◈
아비지를 꿈꾼 사람들 ◈
황룡사 9층 목탑의 수수께끼 ◈
자연을 품은 사찰 ◈
감동과 경이로움 속에서 완성된 보탑사 통일대탑 ◈
스님과 신도들의 정성이 모여 치러진 회향식 ◈
바람 길을 따라 지은 보탑사의 부속 건물들 ◈
보탑사가 품은 또 하나의 보물, 진천 연곡리 백비 ◈

寶塔寺

보탑사로 향하며

서울을 출발해 차로 1시간 30분을 달리면 진천에 위치한 보탑사에 도착한다. 거리상으로 108킬로미터. 이를 두고 어떤 이는 불심으로 찾아가는 길이라면 그 숫자가 자못 의미심장하지 않느냐고 이야기하기도 한다.

나 역시 오랫동안 절 짓는 공사를 해온 터라 그 말이 허투루 들리지 않는다. 20년이 넘는 시간 동안 수도 없이 오간 길이건만, 나설 때마다 마음이 새로워지는 것을 보면 나에게도 분명 의미가 깊은 길이다.

그 길을 따라가다가 보탑사에 거의 다다랐다는 이정표를 지나면 제일 먼저 보련산의 깊은 골짜기가 눈에 들어온다. 한 떨기 연꽃인 양 단아하게 앉은 산자락, 그 안에 꽃술인 듯 혹은 산줄기를 따라 흘러가는 망망대해에 서 있는 돛단배인 듯 보탑사의 목탑이 그 위용을 드러낸다. 참으로 절묘한 위치에 절을 지었다. 풍수지리에 밝지 않은 사람들이 보기에도 범상치 않은 지세이다.

보련산에 처음 도착한 날, 나는 주변 지세가 연꽃 형상임을 직감적으로 느꼈다. 동네 이름을 왜 연곡리라고 부르는지 알 것 같았다. 연꽃에 꽃술이 없으니 여기가 바로 목탑을 세울 자리였다. 또한 백두대간 줄기가 남으로 내려오다 보련산에서 배 모양으로 갈라지니 여기에 목탑을 세우면 배에 돛을 단 형국이 되겠다 싶었다. 연꽃이든 돛이든 그 자리가 목탑이 설 자리임에는 틀림없었다.

입구에 선 느티나무를 지나 천왕문, 종각과 고각을 향해 계단을 오르며 목탑의 따뜻한 환대를 받는다. 사람이라면 그리 한결같을 수 있을까. 양인자 작사, 김희갑 작곡, 가수 이동원과 강효성이 노래한 〈보탑사〉가 내 마음에 와 닿는다.

굽이굽이 돌아오니 연꽃 속에 보탑이 피었구나

날 보라고 피었느냐 가랑잎도 불렀구나

잠시 머문 이 세상에 노여움은 풀고 가라고

바람 시켜 불렀느냐 보련산의 보탑사야

이 목탑을 내 손으로 직접 지었다고 생각하면 한낮인데도 꿈을 꾸는 듯 황홀하다. 그리고 어느덧 내 기억은 처음 이곳에 발을 내딛었던 그 시절로 향한다.

아비지를 꿈꾼 사람들

1980년대 초반에 서울 동선동에 있는 삼선포교원의 전탑전통보 짧은
탑을 지은 것을 인연으로 나와 좋은 관계를 유지하고 있던 지광 원
장스님이 어느 날 나를 부르셨다. 그리고 시골에 절을 하나 지어야
겠으니 함께 절터를 보러 가자고 하셨다. 당시 나는 삼선포교원 신
자가 아니었다. 하지만 스님은 나를 만나고부터 업자와의 관계도
소중한 인연이 될 수 있다는 것을 아셨다고 했다. 나 역시 인연을
소중하게 여기는 사람이라 스님과 이심전심으로 통하였고, 스님은
절의 크고 작은 공사가 있으면 으레 나를 불러 상의하시곤 했다.

이번에는 절 하나를 새로 짓겠다고 하시니 나는 스님 세 분지광 원
장스님, 묘순 현 삼선포교원 주지스님, 능현 현 보탑사 주지스님을 모시고 진천에 다녀
왔다. 그런데 절이 들어설 터를 보니 혼자서 쉽게 결정할 일이 아
니다 싶었다. 그래서 스님들께 여러 사람의 의견을 들어 보고 어떤

절을 지을 것인지 결정하는 것이 좋겠다고 말씀드리고, 당시 문화재관리국의 전문위원이었던 신영훈 선생님, 태창건축설계사무소 박태수 소장님과 같이 다시 현장으로 내려갔다.

건물이 들어설 곳을 둘러보니 보련산 줄기에 둘러싸인 지형이 영락없는 연꽃 모양이었다. 연곡이라는 이름이 나오는 정확한 기록은 없지만 옛날에 절이 있던 자리임이 분명했다. 절을 창건하기엔 더없이 좋은 지형이었다.

터를 둘러보며 절을 어떻게 지을 것인가 서로 이런저런 의견을 나누었다. 그런데 신영훈 선생이 갑자기 여기다 목탑을 하나 세웠으면 좋겠다고 한다. 그것도 3층으로. 그때까지 전혀 목탑에 대한 생각을 못하고 있던 나는 적잖이 놀랐다.

"선생님, 3층으로 지으면 단층짜리 세 채를 짓는 것보다 몇 배는 공사비가 들어갈 텐데요. 게다가 아직까지 아무도 해 보지 않은 일이 아닙니까?"

"그렇긴 하지요. 하지만 못할 것도 없지요."

나는 순간 얻어맞은 사람처럼 머릿속이 하얗게 됐다. 즉시 스님의 의중을 물었다. 엄청난 일이라 스님의 동의가 없으면 그야말로 헛꿈에 불과한 일이었다.

"스님, 들으셨죠? 여기에 3층짜리 목탑을 지으려면 공사비가 수

십억은 들 겁니다. 그런 돈이 있으십니까?"

그러자 스님은 심상한 표정으로 말하였다.

"5천만 원이 있습니다."

"5천만 원이요? 아니 스님, 그 돈으로 무슨 절을 짓는다고 하십니까. 어림도 없습니다."

"목탑을 짓는 게 좋다면 목탑을 지어야죠. 5천만 원 가지고 시작하면 되지 않겠습니까?"

그 말씀을 하는 스님의 표정에는 하나도 어려움이 없었다. 스님이 목탑을 지을 생각이 있긴 있으시구나 싶었다. 하지만 나로서는 선뜻 하자고 나설 수가 없었다. 그래서 다시 말씀드렸다.

"이건 돈이 많이 들어가니까 큰 회사랑 하는 것이 좋겠어요. 저는 돈이 없어요."

그랬더니 스님이 웃으며 말씀하셨다.

"그것 참 잘됐네요. 돈 없는 건축주와 돈 없는 시공자가 같이 하면 얼마나 좋겠나."

갑자기 힘이 솟는 것 같았다. 돈 없는 건축주와 돈 없는 시공자가 의기투합하여 작업을 한번 해 보자는 스님 말씀에 너무나 큰 감동을 받았다. 사실 감히 엄두를 내지는 못했지만 목탑을 한번 짓고 싶다는 생각을 나는 오래전부터 했던 터였다. 그것은 전통 건축가에게는 평생의 소원이었다.

그 순간, 먼 옛날 이웃나라인 신라에 초청되어 9층 목탑을 세웠던 백제의 장인 아비지가 떠올랐다. 그는 어떤 심정으로 그 어려운 일을 맡아서 했을까. 아마도 지금 스님이 나에게 하신 것처럼 당시 황룡사 9층 목탑의 창건주도 아비지에게 든든한 믿음을 심어 주었기 때문에 가능한 일이 아니었을까.

신라 선덕여왕 12년, 당나라에서 유학하고 돌아온 자장은 황룡사에 목탑을 세울 것을 여왕에게 건의했다. 선덕여왕은 여러 신하들과 의논 끝에 김춘추의 아버지인 김용춘에게 목탑 건립의 총책임을 맡겼다. 그러나 신라에는 9층 목탑을 올릴 만한 기술자가 없었다. 결국 백제의 장인 아비지를 데려오기로 했다. 당시 신라와 백제는 선덕여왕의 통일 정책 때문에 정치적으로 불편한 관계에 놓여 있었다. 그런데도 불사를 위해 백제의 장인을 불러왔다는 것만으로도 그들의 자세가 얼마나 진지하고 열정적이었는지 짐작이 된다.

그러나 아비지의 입장에서는 분명 부담이 되는 일이었을 것이다. 그런 아비지의 심리 상태를 대변하듯 《삼국유사》에는 아비지가 기둥을 세우던 날 백제가 멸망하는 꿈을 꾸었다고 전한다. 마음이 무거워진 아비지가 공사를 중단했다. 그러자 갑자기 땅이 흔들

보탑사 시공식

리고 사방이 어두워지더니 어느 노승이 나타나 기둥을 세우고 사라졌다는 것이다. 이에 깨달음을 얻은 아비지는 불심과 장인의 정신으로 끝내 목탑을 완성했다.

지금의 나로서는 아비지의 마음을 모두 헤아릴 수는 없다. 그러나 목탑을 완성하고자 했던 그 집념과 정성이 우리가 꾸는 꿈의 새로운 모델을 제시해 주는 것 같았다.

"좋습니다. 스님이 그렇게 말씀하시니 한번 해 보겠습니다."

나도 해내고 싶은 욕심이 생겼다. 스님도 고개를 끄덕이며 환하게 웃으셨다.

그렇게 보탑사 창건의 대 역사가 시작되었다. 그리고 1년 후인 1991년 5월 12일에 운명과도 같은 보탑사 공사의 첫 삽을 뜨게 되었다.

황룡사 9층 목탑의 수수께끼

목탑을 짓기로 한 후 우리는 본격적으로 연구를 시작했다. 목탑과 관련된 각종 문헌 자료를 찾아서 공부하고, 국내는 물론이고, 목탑이 있다는 곳이면 일본, 중국, 인도 등 어디든 돌아다니면서 내 눈으로 직접 보고 익혔다.

현재 국내에 남아 있는 목탑 계열에 속하는 한옥으로는 조선 시대에 세워진 것들로 법주사 팔상전5층, 쌍봉사 대웅전3층이 있다. 그러나 이들 건물은 1층만 개방되어 있고, 위로는 사람이 올라갈 수 없다. 우리가 재현하고자 하는 목탑은 황룡사 9층 목탑처럼 내부 계단을 통해 위층으로 올라갈 수 있는 구조의 건물이었다. 그러나 이러한 목탑은 현재 남아 있지 않다.

목탑의 흔적은 고구려, 백제, 신라 삼국에서 모두 발견된다. 목탑에 관한 최초의 기록은 고구려 성왕동명성왕이 세웠다는 7층 목탑에 대한 내용이다. 《삼국유사》에 기록된 내용에 따르면 고구려 성왕이 요동성 밖에서 가마솥을 덮은 것 같은 모양의 아육왕탑을 발견하였는데, 나중에 그 자리에 7층 목탑을 세웠다고 한다. 여기서 고구려 성왕이 발견했다고 하는 아육왕탑은 인도 스투파의 영향을 받은 초기 형태의 3단 토탑이었을 것으로 추정된다.

인도 스투파는 탑의 원형으로, 기단 위에 봉분이 올려진 형태다. 산치 대탑이 바로 인도 스투파의 대표적 형태다. 산치 대탑은 기원전 250년경에 인도 아쇼카 왕이 사랑하는 연인을 위해 세웠다고 알려져 있다.

겉으로 보이는 모양은 다르지만 중국 집안의 장군총으로 대표되는 고구려 석총이 바로 이러한 목탑의 형태였을 것으로 추정된다. 장군총을 보면 돌을 계단식 피라미드 모양으로 쌓아 올렸는데, 그 위에 목탑이 있었던 흔적이 남아 있다. 석총 상부에 남아 있는 난간의 흔적 등이 그 증거다.

백제의 목탑에 관해서는 유적이나 기록이 부족하여 구체적인 형태를 추정하기는 힘들다. 그렇지만 신라의 황룡사 9층 목탑을 짓기 위해 백제 장인 아비지를 데려온 점 등을 볼 때 목탑을 짓는 기술은 삼국 중에서 백제가 가장 뛰어났을 것으로 여겨진다. 또한 일본에 있는 수많은 목탑들이 백제에서 전수된 기술로 만들어졌을

법주사 팔상전

쌍봉사 대웅전

인도 산치 대탑

산치 대탑 내부 모형

일본 법륭사 5층 목탑

것이라는 점에 대해서는 많은 역사학자와 건축학자들도 인정한다.

일본에는 목탑이 220개 정도가 있는데, 그중 절반은 본 것 같다. 일본의 목탑은 1층만 개방되고 2층과 3층으로는 사람이 올라갈 수 없는 구조다. 일본 목탑이 층수만 높고 위로 올라갈 수 없는 이유는 목탑 내부에 무수하게 얽혀 있는 부재들 때문에 불상을 모시거나 사람이 들어갈 공간이 없기 때문이다. 그런데 일본의 목탑들이 매우 정교한 모습인 반면, 황룡사 9층 목탑이나 조선 시대에 만들어진 법주사 팔상전은 다소 투박한 모습을 보인다. 그 이유는 그 민족이 추구하는 심성도 있지만 목탑에 사용된 목재의 성질이 다르기 때문이다.

물론 백제의 장인이 지었다는 황룡사 목탑을 우리는 육안으로 확인할 수 없다. 안타깝게도 고려 고종 때 몽골의 침략으로 불에 타서 없어지고 터만 남아 있기 때문이다. 그러나 여러 연구를 통해 복원된 황룡사 목탑의 모습을 보면 일본의 목탑 양식과는 차이가 있음을 알 수 있다.

절터의 규모와 문헌에 남아 있는 기록들로 볼 때 황룡사 9층 목탑의 높이는 183척, 상륜 42척으로 전체 225척에 달한다. 현존하는 그 어떤 목탑과도 비교할 수 없다. 높이만 80미터 가까이 되는 것으로 추산되는데, 그 정도면 아파트 27층 높이가 될 것이다. 그

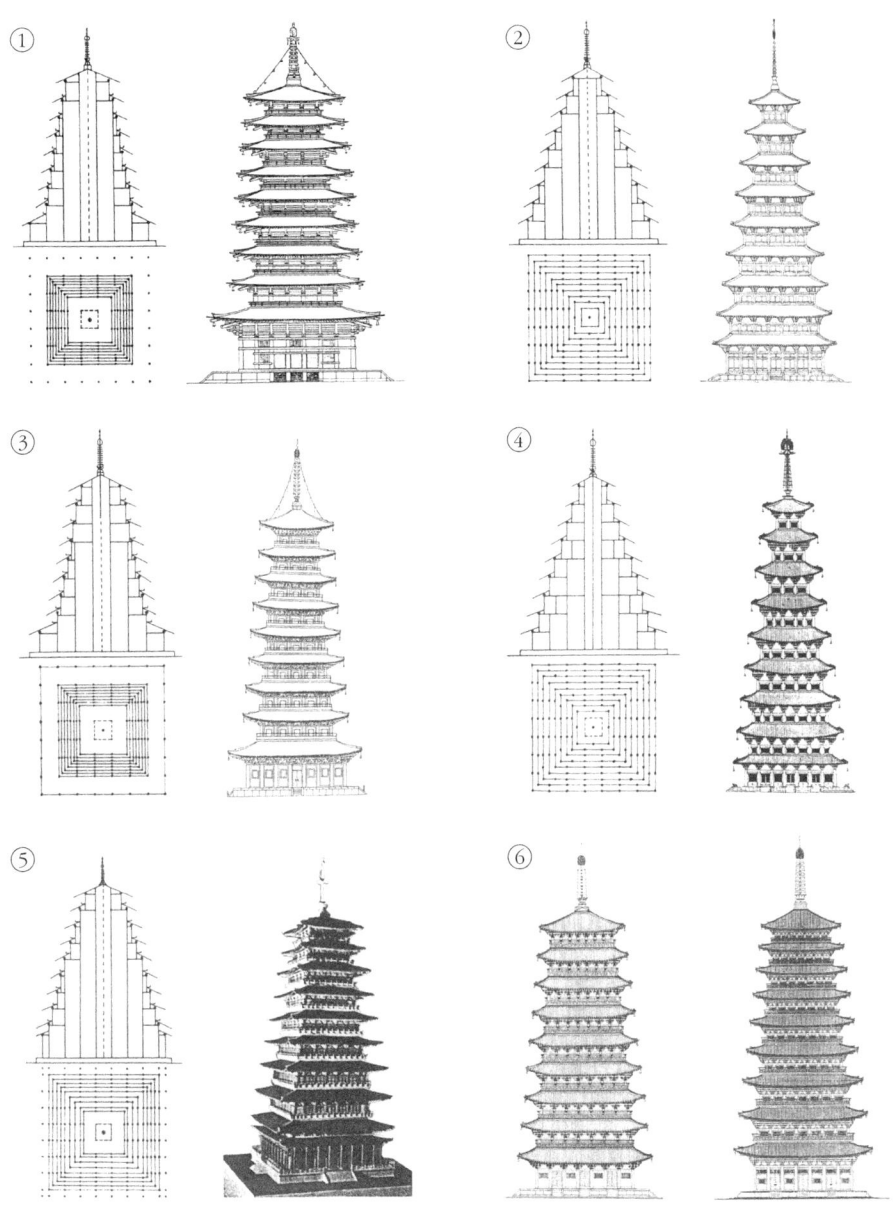

황룡사 9층 목탑 추정 복원도 및 구조 개념도 ① 후지시마 가이지로 ② 김인호 ③ 장기인 ④ 김정수, 박일남 ⑤ 북한 ⑥ 김동현의 복원도 (출처: 권종남, 《황룡사 구층탑》, 2006)

황룡사 터

시절에 이런 놀라운 건축 기술을 가지고 있었다는 것이 놀라울 따름이다.

  목탑은 아니지만 목탑의 흔적이 남아 있는 석탑들도 있다. 그런 석탑들에서도 나는 크게 영감을 얻었다. 그중에서도 남원 실상사 백장암 3층 석탑에 새겨진 조각이 많은 참고가 되었다. 백장암 3층 석탑을 보면, 탑의 1층 탑신은 길고, 2층은 짧다. 그런데 2층에 새겨진 조각을 보니 난간이 있고 사람이 앉아서 비파를 뜯고 있다. 그것을 보고 옛날 목탑에는 사람이 올라갔구나 하는 것을 알 수 있었다. 그렇다면 2층에 어떻게 올라갔을까? 외부에는 위로 올라가는 계단의 흔적이 없다. 그렇다고 사다리를 타고 올라가지는 않았을 것이다. 그렇다면 결국 내부에서 올라가는 방법밖에 없다. 그러다 깨달았다. 목탑 1층의 높이가 다른 일반 한옥 1층의 높이보다 높아야 그 위로 올라갈 수 있는 공간이 생기고, 그래야 하중을 견디는 힘이 생긴다는 것을. 언뜻 생각하면 1층의 높이가 낮아야 올라가는 것이 편할 것 같지만, 목탑의 원리를 생각하면 그 반대라는 것을 알 수 있었다. 이렇게 터득한 원리를 보탑사 목탑을 지을 때도 적용하여 1층을 높게 했다. 이것이 보탑사 목탑 건축의 핵심이었다.

  이처럼 목탑의 흔적을 찾아 국내외 여러 곳을 돌아다니고, 각종 문헌 자료를 살피면서 많은 공부를 하고 영감을 얻었지만, 우리가 짓고자 하는 목탑에 딱 들어맞는 모델을 찾을 수는 없었다. 할 수 없이 눈에도 보이지 않는 황룡사 9층 목탑의 기법을 머릿속으로 상상하여 실현시킬 수밖에 없었다. 진짜 힘든 여정은 그때부터 시작되었다.

여러 나라를 돌아다니면서 목탑을 보고 구경을 하다 보니 새로 지을 목탑이 내 마음에 다가오긴 했다. 하지만 보면 볼수록 내가 기술적으로 문제를 해결하여 그런 목탑을 만들 능력이 안 된다는 사실만 더욱 분명해졌다.

'아, 이래도 내가 목탑을 만들 수 있을까?'

내 속은 점점 타들어 갔다. 한옥 짓는 일을 오래 하다 보니 어떤 건물이든지 도면을 보면 어떻게 지어질지 머릿속에 그림이 떠오른다. 가정집, 대웅전, 요사채 등 종류를 불문하고 다 지어졌을 때의 모습이 내 집 안마당처럼 쫙 펼쳐져 보인다. 그런데 보련산에 지어야 할 목탑의 그림은 전혀 떠오르지 않았다. 답답한 노릇이었다.

그렇게 걱정하던 차에 경주 남산 탑골에 가게 되었다. 그곳에는 바위에 부처님과 탑의 형상이 조각되어 있다. 그동안 탑골에 10번 이상은 갔던 것 같다. 물론 그때까지만 해도 그냥 구경만 하고 다닌 것이었다. 그런데 1년간 목탑을 짓겠다는 일념에 고민을 하다

경주 남산 탑골

그곳에 가니 남다른 느낌이 들었다. 그리고 이제까지 보이지 않던 그림이 눈앞에 펼쳐졌다. 내가 보는 위치가 맞을까, 조금 높은 곳에서 보면 어떻게 보일까 사다리를 놓고 위에서 보니 기둥이 있는 1층 높이와 지붕이 있는 부분의 높이가 거의 같았다.

'목탑은 이렇게 짓는 거야.'

그림이 내게 그렇게 이야기하는 것 같았다. 마치 오랫동안 풀리지 않던 수수께끼의 정답을 알아낸 듯한 기분이었다. 수차례 방문했지만 그런 느낌이 든 것은 처음이었다. 평소엔 평범한 조각에 불과했는데, 간절한 마음을 가지고 바라보니 그곳에 길이 있었다. 일반인들은 아무리 그 목탑 조각을 들여다보아도 그런 영감을 받을 수 있을지 모르겠다. 하지만 나에게는 마치 선조들이 목탑에 대한 메시지를 전해 주려고 만든 것으로 보였다. 9층 목탑의 존재를 후세 사람들이 알 수 있도록 기록으로 남겨 놓았고, 나처럼 간절한 사람에게 그 구문이 보여 많은 공부가 된 것이다.

'먼 옛날, 저 건너편에 목탑을 세웠던 신라 사람들이 1,370여 년이 지난 지금 후손인 나에게 목탑을 세우라고 여기에 이것을 조각해 놓았구나!'

그렇지 않고서야 그동안 깜깜했던 목탑에 대한 영감이 이렇듯 갑자기 떠오를 리가 없다. 신라 사람들이 나에게 남긴 메시지, 그

것이 아니었으면 나는 도저히 목탑을 짓지 못했을 것이다. 나는 지금도 그렇게 믿고 있다.

  마침내 나는 보탑사에 목탑을 짓는 공사를 시작했다. 보탑사 목탑은 황룡사 목탑의 양식을 따르고 있다. 비록 규모에서는 황룡사 목탑에 비할 바가 아니지만, 최대한 옛 백제 장인 아비지가 만들었던 황룡사 목탑의 양식을 현대에 복원한다는 기분으로 하나하나 세심한 주의를 기울여 가며 공사를 했다.

자연을 품은 사찰

보탑사 공사에는 고문 신영훈, 설계 박태수, 현장기사 정연상^{현 안동대학교 건축공학과 교수}, 단청화사 고 한석성, 도편수 고 조희환, 소목장 심용식, 와공 윤주동, 석공 김익진, 야철장 최교준, 조각장 이진형 등이 참여했고, 나는 시공사를 대표하여 공사의 총책임을 맡았다. 당시 회사에서 맡은 직책이 상무라 다들 나를 '김 상무'라고 불렀다. 지금도 당시를 생각하며 '김 상무'라고 부르는 사람도 있다. 또한 최금석 행수, 김도경 기사^{현 강원대학교 교수}, 김종남 기사^{문화재 기술자} 등도 참여하여 여러 채의 부속 건물을 지었다.

이들과 함께 보탑사 목탑을 지으면서 가장 신경을 썼던 부분은 튼튼하고 안정적인 기초 공사와 하중을 견딜 수 있는 내부 구조, 부재 간의 견고한 결구였다. 이것은 모든 건축의 기본적인 사항이지만, 특히 보탑사 목탑의 경우는 그 규모가 크고 현대에 들어와

처음 시도되는 건축 양식이기 때문에 더욱 공을 들였다.

다음으로 신경 쓴 부분은 자연과의 조화였다. 어떻게 자연과 화합하는 집을 지을 것인가. 이것은 내가 집을 지을 때마다 하는 고민이다. 위에 올라가서 보면 비가 상하 일직선으로 떨어지는 것이 아니라 바람에 의해 옆에서 들이칠 때도 있다. 따라서 건물의 높이가 높아질수록 바람의 방향과 세기에 대해 특히 많은 배려를 해야 한다.

안개가 많이 끼어 도로 교통이 두절될 정도가 되어도 우리 인간은 어떤 힘으로도 그 안개를 걷을 수 없다. 하지만 햇빛만 있으면 안개는 바람처럼 사라진다. 집을 지으려면 그런 자연의 법칙을 알아야 한다. 이러한 자연의 법칙을 터득하고서야 보탑사 목탑을 제대로 지을 수 있었다. 그러니 일반인이 보는 보탑사 목탑과 내가 보는 보탑사 목탑이 달라야 하는 것이 당연했다.

바람, 비, 햇빛 등 여러 자연 현상을 고려하면서 지붕 공사를 하다 보면 지붕 경사가 문제가 되는 경우가 많다. 경사가 잘못되면 한옥 같지 않고 이상하게 된다. 내가 계산하고 상상한 것이 맞는다고 생각하며 집을 지었는데, 나중에 보니 물매가 안 맞으면 힘들어도 수정이 불가피하다. 그래서 처음부터 이런 시행착오를 겪지 않기 위해 시각에 대한 연구가 필요했다.

보탑사를 짓던 중 석굴암에 가서 밤을 새운 적이 있다. 밤 10시에 들어가서 새벽 3시에 나왔는데, 그때 많은 것을 깨달았다. 석굴암 본존불 앞에서 절을 하고 올려다보면 참 아름답다. 그 모습이야말로 우리가 익히 알고 있는 본존불의 얼굴 그대로이다. 그런데 사다리를 놓고 올라가 코앞에서 보니 이건 본존불의 얼굴이 아니다. 비례가 맞지 않는 전혀 다른 얼굴이다. 그런데 보존불을 조각한 사람은 분명 사람이 절할 때의 높이를 생각해서 작업을 했을 것이다. 그렇다면 조각가는 자신의 눈높이에서 보기 좋은 비례가 아니라 밑에서 보는 사람들의 시선에서 가장 편하고 아름다울 수 있는 비례를 찾기 위해 노력을 했을 것이다.

석굴암뿐만 아니라 커다란 바위에 조각된 미륵상이나 마애불상도 마찬가지다. 석상의 눈이 밑에서 보는 우리에게 아름다워 보이려면 입체감 있게 만들어야 한다. 만약 실제 눈처럼 옆으로 길쭉한 형태로 만들면 밑에서 볼 때는 가는 선 하나로밖에 보이지 않을 것이다. 코와 입도 마찬가지다. 엄청 크고 길게 표현해야 밑에서 보면 정상적인 코와 입으로 보인다.

보탑사 목탑을 지을 때도 그런 현상이 나타났다. 지붕의 물매도 실제로 보는 각도와 만들어서 위에 올려놓는 각도가 달라야 했다. 현판을 다는 것도 마찬가지다. 각 층 현판의 각도를 같게 놓는 것

이 아니라 매다는 위치에 따라 앞으로 비스듬하게 놓아야 우리가 볼 때 똑같은 위치에 있는 것처럼 보인다. 보탑사 목탑처럼 규모가 큰 건물에는 우리가 보는 각도와 시공하는 각도에 차이가 있다. 이 것을 '시각의 착각'이라고 한다. 사람도 자연의 일부라는 관점을 갖고, 시각적으로 부담이 없고 편안하게 보이는 집을 짓는 것이 우리나라 전통 건축의 매우 중요한 부분이라고 생각하게 되었다. 그리고 이러한 과정을 통해 보탑사 3층 목탑을 조금씩 완성할 수 있었다.

감동과 경이로움 속에서 완성된
보탑사 통일대탑

재료 구입을 끝내고 본격적으로 공사를 시작했다. 먼저 터를 파서 다지는 기초 공사를 했다. 잡석 200여 대를 차로 실어 와 바닥에 깔고, 또 모래를 몇 차 실어 와서 넣었다. 그런 후에 그 위에 나무틀을 짜고 비닐을 덮어 물이 새지 않게 한 뒤 1~2일씩 물을 모았다. 그런 다음 그 물을 순식간에 안으로 쏟아붓는다. 그러면 한꺼번에 쏟아지는 물을 타고 모래가 잡석 안으로 빨려 들어간다. 이런 과정을 20회 이상 거쳤다. 그렇게 사람이 아닌 물이 땅을 다지게 했다.

그다음으로 기단을 놓았다. 기단은 집이나 탑 등의 건축 구조물에 기초가 되도록 놓은 단이다. 오랜 옛날 최초의 주거 형태는 땅을 파고 낮은 지붕을 씌운 움막 형태였다. 그러다가 점차 생활양식의 변화와 함께 지붕이 들리고 땅에는 기단을 놓아 바닥의 높이를 높이기 시작했다. 특히 한옥과 같은 목재 건물의 경우 땅에서 올라오는 습기를 막고자 기단을 쌓았다.

완성된 목탑의 규모는 1층 넓이가 198.81제곱미터, 2층 넓이가 166.41제곱미터, 3층 넓이가 136.89제곱미터에 이르렀다. 목탑이 완성된 후에는 스님들과 여러 전문가의 의견을 구하여 내부를 꾸미고 각 층마다 불전을 만들었다.

먼저 1층 금당에는 가운데 찰주를 중심으로 네 귀퉁이에 사천주를 세우고 사천주 사이의 동서남북 각 방향에 부처님을 모셨다. 이를 사방불이라고 하는데, 삼국 시대와 통일신라 시대 때 전성기를 이루었던 형식이다. 고려 시대와 조선 시대를 거쳐 현재에 이르면서 많은 불전이 한쪽 벽면에 탱화를 그리고, 그 앞에 부처님을 모시는 형식을 취해 왔다. 때문에 보탑사와 같은 사방불이 낯설게 느껴질지도 모른다. 하지만 삼국 시대의 목탑 양식을 재현하면서 금당 내부에 사방불을 모신 것은 자연스러운 것이었다.

각 방향에 비로자나불, 석가모니불, 아미타여래불, 약사유리광불을 모심으로써 부처의 진리가 사방으로 퍼져 나가길 기원함과 동시에 남북통일의 염원을 담았다. 보탑사 목탑을 통일대탑이라 이르는 것도 이러한 뜻과 맥을 같이한다. 사방불 안쪽 중앙 찰주에는 신도들의 불심과 정성이 담긴 999기의 백자 소탑을 봉안했다.

동방 약사보전 약사유리광불

서방 극락보전 아미타여래불

남방 대웅보전 석가모니불

북방 적광보전 비로자나불

1층 금당에는 가운데 찰주를 중심으로 네 귀퉁이에 사천주를 세우고
동서남북 각 방향에 부처님을 모셨다.
각 방향에 비로자나불, 석가모니불, 아미타여래불, 약사유리광불을 모심으로써
부처의 진리가 사방으로 퍼져 나가길 기원함과 동시에 남북통일의 염원을 담았다.

2층 법보전에 있는 회전형 서가인 윤장대에는
경전을 돌리면 그 안에 있는 불교의 가르침이
내 안으로 들어온다는 믿음이 담겨 있다.

3층 미륵전에는 미륵불을 모셨다.
이곳 미륵불 위에는 보개의 중앙에 금판이 있는데,
티베트 답사를 갔을 때 구입해서 가져온 것이다.

2층은 법보전(法寶殿)으로, 부처님을 모시는 대신 부처님 말씀이 들어 있는 회전형 서가인 윤장대를 설치했다. 티베트나 네팔에 가면 손으로 돌리는 마니차라는 것이 있는데, 그와 같은 원리로 만든 것이다. 윤장대에는 경전을 돌리면 그 안에 있는 불교의 가르침이 내 안으로 들어온다는 믿음이 담겨 있다.

3층 미륵전에는 미륵불을 모셨다. 이곳 미륵불 위에는 보개(寶盖)의 중앙에 금판이 있는데, 내가 티베트에 답사를 갔을 때 구입해서 가져온 것이다. 이 장식을 발견하게 된 과정이 좀 특별하다. 당시 사람들과 네팔의 수도 카트만두에 있는 보드나트를 답사하고 있는데, 저쪽 한구석 깜깜한 곳에서 강한 불빛이 내게 오는 것을 느꼈다.

'왜 나한테 저렇게 불빛이 오지?'

이상한 느낌이 들어서 옆에 있는 사람들에게 저 불빛이 보이냐고 물어보았다. 그런데 다른 사람들 눈에는 보이지 않았다. 결국 나는 혼자서 그 빛을 따라갔고, 빛의 끝에는 금빛 장식이 있었다. 예사롭지 않은 일이었다. 나는 당장 그 자리에서 가진 돈을 다 털어 금 장식을 샀다. 그리고 그것으로 목탑 3층 미륵전 미륵불의 머리 위를 장식했다.

한번은 이런 일도 있었다. 목탑을 2층까지 올리고 3층이 올라갈 때였다. 당시 자금 사정이 안 좋아서 2층까지 올리고 공사가 중단

보탑사 1층 기와 잇기 공사

될 위기에 처해 있었다. 하지만 내가 고집을 피워서 3층 공사를 일단 시작한 상태였다. 하루는 스님께서 2층에 올라가 보고 싶다고 하셨다. 아직 1층과 2층을 연결하는 계단 공사가 이루어지지 않았던 터라 1층에 사다리를 놓고 주지스님과 총무스님이 올라오셨다. 그런데 두 분이 구경을 다하고 내려가려고 할 때 이상한 일이 생겼다. 스님이 내려서려는 순간, 갑자기 사다리가 사라져 내 눈에 보이지 않았던 것이다. 나는 깜짝 놀라서 허공에 발을 내딛는 스님의 옷깃을 확 잡으며 소리를 질렀다.

"스님, 왜 허공에다 발을 디뎌요? 허공인 거 안 보여요?"

스님은 갑작스런 내 행동에 나를 가만히 보시더니 말씀하셨다.

"여기 사다리 있잖아!"

다시 보니 사다리가 그 자리에 있었다. 분명히 사다리가 있는데 왜 갑자기 내 눈에 안 보였던 것일까? 나는 어쩐지 불길한 느낌이 들었다.

"제가 먼저 내려갈게요. 스님은 나중에 내려오세요."

그러고는 발을 내디뎠다. 그 순간 기둥에 비스듬히 걸쳐 놓은 사다리가 미끄러졌다. 올라올 때는 밑에서부터 힘을 주면서 올라와서 괜찮았는데 내려갈 때는 힘을 받지 못한 것이다. 나는 미끄러진 사다리와 함께 그대로 넘어져 1층으로 떨어지고 말았다. 정신을

암층 내부 공사

차리고 보니 다들 걱정스러운 얼굴로 쳐다보고 있었다. 다행히 큰 부상은 없었다.

"나니까 이 정도지 스님이 먼저 내려왔으면 큰일 날 뻔했네요. 자, 이제 천천히 조심해서 내려오세요."

나는 아래에서 사다리를 붙들고 스님들이 안전하게 내려오시게 했다. 지금도 그때 일을 생각하면 참 묘하다. 만약 그때 사다리가 내 눈앞에서 순간적으로 사라지지 않았다면 아마 스님이 사고를 크게 당했을지 모를 일이다.

이처럼 보탑사 목탑은 처음 터를 잡는 순간부터 공사를 마치고 내부에 부처님을 모시는 일 하나까지 감동과 경이로움의 연속이었다. 그리고 모두의 기대와 바람 속에 완공된 보탑사 목탑은 통일대탑이라는 정식 명칭을 달고, 1996년 6월 9일에 1,500여 명의 신도들이 모인 가운데 감격의 회향식迴向式을 거행했다.

스님과 신도들의 정성이 모여 치러진 회향식

보탑사 목탑의 정식 명칭은 '보련산 보탑사 통일대탑(大塔)'이다. 신라가 구국통일을 기원하는 의미로 창건했던 황룡사 9층 목탑의 뜻을 이어 보탑사 목탑이 남북통일을 기원하는 대탑으로 우뚝 서기를 바라는 마음에서 지금은 원장스님인 지광 큰스님께서 그리 이름 지은 것이다.

보탑사 통일대탑의 회향식(回向式) 당일, 그 자리에 모인 수많은 사람들이 모두 목탑 내부로 들어갔다. 1층부터 3층까지 실내는 물론이고, 2층과 3층의 난간까지 꽉 들어차 발 디딜 틈이 없었다. 그러자 옆에 있던 집사람이 불안한 목소리로 내게 속삭였다.

"여보, 이렇게 많은 사람들이 한꺼번에 서 있어도 괜찮을까요? 이러다 목탑이 무너지기라도 하면 어떡해요."

기쁜 날, 행여 사고라도 나지 않을까 걱정인 모양이었다. 나는 집사람을 안심시켰다.

"걱정하지 마, 여보. 지금보다 천 명 더 들어와도 끄떡없어."

목탑의 견고함에 대해서는 누구보다 자신이 있었다. 그렇게 무사히 법회를 마치고 스님과 신도들을 바라보았다. 어려웠지만 보람 있었던 목탑 불사에 대해 이야기하는 모습을 보니 그동안 있었던 수많은 일들이 떠올라 뭉클했다.

사실 목탑이 완공되고 입주식을 할 당시에도 전체 공사비 중 일부가 미납된 상태였다. 하지만 나는 스님을 믿었고, 스님 역시 믿는 구석이 있으셨다. 바로 신도들의 열정적인 불사 의지였다. 당시 삼선포교원 신도들도 이렇게 큰 불사는 처음이라서 처음엔 많이 힘들어했다. 공사가 어느 정도 진행이 된 다음에는 그래도 괜찮았지만, 이렇게 엄청난 규모의 목탑이 올라간다는 것 자체를 믿지 못하는 분들도 많았다. 그런 어려움을 모두 딛고 입주식이 거행된 것이다.

목탑 공사가 끝나고 시간이 흐를수록 더욱 기억에 남는 사람이 있다. 삼선동 국시집 주인이었던 고故 이옥만 여사다. 목탑 공사를 하는 동안 관계자들이 한 달에 두 번씩 그 국시집에 모여 회의를 했다. 그 자리에는 나와 지광 스님, 묘순 스님, 능현 스님, 신영훈 선생, 박태수 소장, 전통 건축 전문가인 황의수 씨, 일반인으로는 이시형 박사와 전 조선일보 문화부장 고 서희건 씨가 참석했다. 문화재를 모르는 일반인을 회의에 참여시킨 것은 그런 사람들의 안목도 있어야 하기 때문이었다. 회의를 통해 건물 짓는 것 외에도 그 안에 부처님을 어떻게 모시고 내부를 구성할지에 관한 것까지 일일이 의논하여 결정했다.

회의를 하러 갈 때면 국시집 주인 고 이옥만 여사는 우리에게 제일 좋은 자리를 내주고 맛있는 음식을 대접해 주곤 했는데, 목탑 공사가 다 끝나고 회의를 그만둘 때까지 우리에게 음식값을 전혀 받지 않았다. 그 보살님 불심이 참 깊으셨다. 지금은 돌아가셨는데, 우리 입맛에 딱 맞게 차려 주던 맛있는 음식과 손수 따라 주던 용안주 한 잔이 종종 그리워진다.

바람 길을 따라 지은
보탑사의 부속 건물들

처음 목탑을 짓기 위해 상량식을 할 때 주변에 만등을 켜고 신도들이 모여 기도를 올렸다. 그때가 3월 초순이었는데, 얼마나 바람이 불고 추웠는지 모른다. 그런데 목탑을 다 짓고 나니 그 세던 바람이 거짓말처럼 사라졌다. 그래서 참 다행이다, 내가 목탑을 제대로 잘 지었구나 싶었다. 그런데 그것은 내 착각이었다.

어느 이른 봄날 아침 보탑사에 갔다. 그런데 스님들이 목탑 주위에 줄을 둘러놓은 것을 보고 나는 깜짝 놀랐다. 스님들께 왜 줄을 친 것인가 물었더니 지붕 위에서 눈이 떨어지는데, 마치 얼음이 떨어지듯이 하여 사람이 다칠까 봐 줄을 친 것이라고 한다. 그 소리를 듣고 나는 그 자리에 털썩 주저앉았다. 지붕에 미처 다 녹지 못하고 쌓여 있던 잔설이 밤새 얼었다가 아침에 햇살을 받아 녹으면

덩어리째 지붕에서 스케이트를 타듯이 미끄러져 아래로 떨어졌던 것이다. 워낙 높은 곳에서 떨어지니 가속도가 붙어 밑에서 그 눈덩이를 잘못 맞으면 큰 사고가 날 것 같았다.

'아차, 큰 실수를 했구나!'

나는 그 순간 깨달았다. 목탑을 지으면서 바람과 비와 햇빛을 전부 생각했는데, 미처 눈을 생각 못했다는 것을. 이래서 황룡사 9층 목탑을 바람 골에 지었구나, 그때서야 이해가 되었다. 왜 그 생각을 하지 못했는지 심한 자괴감이 들었다. 낮은 집을 지을 때는 쌓인 눈이 녹아 떨어져도 별 문제가 없었기에 몰랐는데, 이렇게 높은 건물을 짓고 나니 그게 가장 큰 문제일 수 있다는 것을 뒤늦게야 안 것이다. 그러나 이미 건물을 다 지었고, 이제 와서 이 문제를 어떻게 해결하면 좋단 말인가.

그때부터는 또다시 고민에 빠졌다. 딱 죽고 싶은 심정이었다. 누구에게 하소연도 못하고, 답이 없을까 혼자 속으로 끙끙 앓았다. 결국 해결책은 하나였다. 인간의 힘으로 내리는 눈을, 쌓이는 눈을 어찌할 수는 없으니 바람의 힘을 빌리는 수밖에 없었다. 그러기 위해서는 목탑을 중심으로 그 주변 부속 건물을 바람 길을 따라 지어야 했다.

나는 스님에게 달려가 이야기했다.

"스님 앞으로 지을 모든 건물을 제가 짓게 해 주세요. 제가 열심히, 성심껏 지어드리겠습니다."

"어쨌든 김 상무가 시작했으니까 끝을 봐야지."

스님이 이유도 묻지 않고 쾌히 승낙을 하셨다. 밖으로 나온 나는 그만 엉엉 울어 버렸다. 내가 한 실수를 내 손으로 바로잡을 기회를 갖게 되었으니 얼마나 다행스러운 일인가. 고마워서 눈물이 났고, 스님께 이유를 설명하지 못한 죄송함에 또 눈물이 났다.

그런 후에 적조전, 지장전, 오백나한전, 요사채 등 모든 부속 건물을 내가 지었다. 어떻게 하면 목탑 북쪽으로 바람을 불어넣을 수 있을까 계속해서 신경을 썼다. 그래서 건물들을 전부 정심에 짓지 않고 비틀어서 바람개비 역할을 하도록 만들었다. 보탑사 입구에 커다란 느티나무가 있는데, 거기서 올라오는 바람이 바람개비처럼 부속 건물의 지붕을 타고 북쪽으로 빠져나가도록 한 것이다. 그리고 목탑 건너편 백비가 서 있는 쪽은 산이 빠져 있어서 그쪽 방향에서 서북풍이 불어오니, 이제 더욱 많은 바람이 목탑 지붕 위로 들어가게 되었다. 그렇게 부속 건물들을 다 짓고 나니 이제 겨울에 눈이 내려도 바람 때문에 지붕 위에 눈이 많이 쌓이지 않는다. 지붕에 눈이 덜 쌓이니 녹아서 떨어지는 일도 덜 생기게 되었다.

지금은 모든 공사가 끝나고 안정기에 접어들었다. 완성되어 자리 잡고 있는 건물들을 볼 때마다 내 마음도 그렇게 뿌듯할 수가 없다. 목탑에 바람 길을 만들기 위한 목적도 있었지만, 각 건물 하나하나에 개성과 의미를 더해 정성껏 지었기에 더욱 그렇다.

보탑사의 부속 건물들은 어느 한 건물 똑같이 지은 것이 없다. 기와집, 너와집, 귀틀집 등 종류도 다양하다. 같은 기와집이라도 팔작지붕과 맞배지붕 두 개를 다 넣었다. 지붕의 각도 원형, 4각, 7각, 8각, 9각으로 다양하게 만들었고, 그 위에 올라간 상륜의 재질도 토기, 돌, 구리 등 다 다르게 했다. 수막새 모양도 지붕 각 수에 연꽃잎 수를 맞춰 놓았다. 그렇게 보는 재미를 더했다. 어떤 분들은 지붕을 똑같이 해야 균형미가 있지 않냐고 하지만 나는 그런 천편일률적인 방식이 싫다. 다양한 모습 속에서 조화와 질서를 찾아가는 재미가 얼마나 큰지 모르고들 하는 소리다.

보탑사에 오시는 분들은 목탑의 웅장함에 먼저 놀라고, 이어 각 부속 건물의 빼어난 건축미에 또 한 번 놀란다. 또한 보탑사에 오면 우리나라의 유명 전통 건축물에 있는 다양한 양식들을 다 볼 수 있다. 이곳을 일종의 전통 건축 전시장으로 만들고 싶었다. 전통 건축을 공부하는 후배들과 먼 훗날 이곳을 찾을 후손들에게 하나라도 더 알려 주고 싶은 마음에 내가 알고 있는 지식과 경험을 모두 담았다.

지장전과 영산전

지장전은 지장보살을 모시는 곳이다. 지장보살은 석가모니 부처님으로부터 사바세계에 미륵불이 출현하기까지 죽은 이의 영혼을 모든 고통에서 벗어나도록 구원해 주는 부처님으로, 그 지장보살을 모신 곳이 지장전이다. 그래서 지장전은 앞으로도 하늘로 솟아오르고 있다고 생각한다.

지장전을 짓고 나서 영산전오백나한전을 지었다. 영산전의 지붕은 팔각이고, 상륜은 구리로 제작했다. 건물을 다 짓고 그 안에 부처님과 500나한을 모실 때 스님과 시주하시는 분들에게 말했다.

"자리를 500개 만들 테니 원하는 자리에 한 분씩 모시면 됩니다."

신도들이 스스로 시주하여 크기도, 모양도 제각각인 나한상을 줄도 맞추지 않고 원하는 곳에 모시니 아주 야단법석이 되었다. 일렬로 모시는 것보다 낫겠다고 생각하셨는지 주지스님께서 흔쾌히 허락하여 무질서 속에서 질서를 찾아가는 모습을 연출한 것이다.

야단법석 500나한상의 뒤쪽 벽에는 벽화를 그려 넣었는데, 북쪽에는 히말라야 설산을, 동쪽에는 중국 환인에 있는 고구려의 오녀산성을, 남쪽에는 아름답게 꽃이 피어난 모습을 그렸다. 사람들은 보면서도 그것이 뜻하는 바를 잘 모르지만, 내 나름대로는 불교가

지장전과 그 옆에 세워진 자연석

우리나라에 전파되어 들어온 과정을 표현한 것이다. 아마 고구려의 오녀산성이 벽화로 그려진 절은 지금까지 없었을 것이다. 내가 이것을 그린 것은 앞으로 보탑사에 오는 신도들이나 스님들, 전통 건축가들이 이런 것을 보고 좀 더 다양한 상상력을 가지고 아름다운 절을 많이 지었으면 하는 바람이 있어서다.

집안 장군총

인도 영취산

지장전 자연석

영산전을 다 짓고 부처님과 500나한을 모셨다.
신도들이 스스로 시주하여 크기도, 모양도 제각각인 나한상을
줄도 맞추지 않고 원하는 곳에 모시니 아주 야단법석이 되었다.

적조전

적조전에는 열반상을 모셨다. 그 열반상을 제작하기 위해 인도의 쿠시나가르에 직접 가서 그곳 부처님의 전신을 측량해 왔다. 그리고 측량한 것과 똑같이 만들어서 적조전에 모셨다.

적조전 앞에는 자연석 위에 올려놓은 작은 석불상과 불족석佛足石을 두어 불심 가득한 이의 시선을 사로잡도록 했다.

또한 외부에는 단청을 하고 내부에는 내 생각대로 두 그루의 나무 사이에서 열반하는 모습을 상상해서 그렸다.

한편 적조전에서 지장전으로 가는 길 중간의 화단에는 미륵반가 사유상을 모셨다.

열반상을 모신 적조전

산신각과 삼소실

산신각은 특별히 우리나라 전통 가옥 양식 중 하나인 귀틀집으로 지었다. 언뜻 보기에 서양의 통나무집과 비슷하게 생겼지만, 통나무집은 나무와 나무를 깎아서 붙이는 반면, 귀틀집은 생긴 대로 나무를 쌓은 후 그 사이를 흙으로 막는다.

원장스님이 기거하는 삼소실 건물은 원래 공사 기간에 사용한 조립식 건물이었는데, 공사가 끝나고 철거하려니 아까워서 벽에 황토벽돌을 쌓고 미장을 해서 한옥 느낌이 나도록 개조를 했다. 출입문도 새로 달고 내부도 스님이 생활하시기 편하게 고쳤다. 지붕에는 너와를 얹어 분위기를 냈다.

이렇게 하니 조립식과는 다른 운치 있는 집으로 변했다. 사람들이 와서 보고 좋으니까 비싸게 지은 집이라고 생각하는데, 조립식 건물을 활용해서 돈도 많이 들지 않았다. 좋은 재료를 써서 정식으로 지은 집도 좋지만, 적은 비용으로도 아이디어만 좋으면 얼마든지 괜찮은 집을 지을 수 있다.

귀틀집 양식으로 지은 산신각

공사 기간에 사용한 삼소실은 황토벽돌을 쌓고 너와를 얹어 분위기를 낸 너와집으로, 적은 비용과 좋은 아이디어가 완성한 운치 있는 집이다.

종각과 고각

보탑사의 대문이라고 할 수 있는 천왕문을 지나 계단을 오르면 종각과 고각이 마주보고 서 있다. 불교에서는 범종을 쳐서 지옥 중생을 교화하고, 법고를 두드려 네 발 달린 짐승을 교화하고, 목어를 두드려 바다의 물고기를 교화하고, 운판을 두드려 날아다니는 새를 교화한다 하여 이를 사물이라고 한다. 보탑사에는 범종과 법고가 설치된 종각과 고각을 각각 7각과 9각으로 지었다.

우리 전통 건축에서 4각, 6각, 8각은 흔히 볼 수 있지만, 7각과 9각은 흔치 않다. 그러나 《삼국사기》에 전해지는 유리왕 전설에는 주몽이 그의 친아들 유리를 찾기 위해 7모 난 바위 밑에 신표를 숨겨두었다는 이야기가 나온다. 그런데 나중에 유리가 장성하여 아버지의 신표를 찾기 위해 아무리 7모 난 바위를 찾아다녀도 찾을 수가 없었다. 그러다 자기 집 기둥 밑의 주춧돌이 7각인 것을 발견하였다. 신표는 바로 그 주춧돌 아래 숨겨져 있었던 것이다. 그런데 당시 7각 주춧돌이 있었다는 것은 7각 작도법이 존재했다는 것을 의미한다. 깊은 산속에서 공사를 할 때는 수평대 같은 도구가 부족할 때가 많다. 나는 선배님들이 쓰는 6각이나 7각 같은 작도법을 현장에서 종종 응용하였다.

보탑사의 대문 천왕문

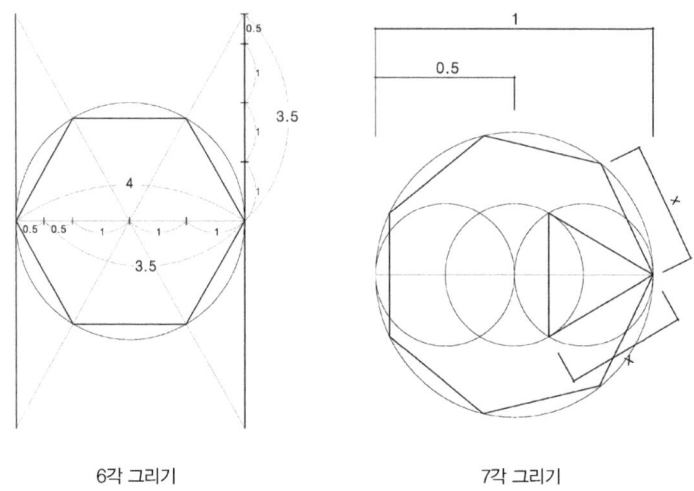

6각 그리기   7각 그리기

　마침 보탑사 목탑이 완공되기 전에 나는 고구려의 다각형 건물에 대한 연구를 하고 있었다. 그러던 중 내가 7각을 그리게 되었다. 종이에 연필로 큰 원 하나를 그려 놓고 이리저리 머리를 굴리다 보니 7각의 선이 어느 순간 내 눈에 들어온 것이다.
　'옳거니, 바로 이거야.'
　내가 그린 7각 작도법은 이렇다. 우선 종이에 큰 원을 하나 그린다. 그리고 나서 큰 원의 지름을 사등분해서 세 개의 작은 원을 똑같은 크기로 그려 넣는다. 세 개 원이 교차하는 점을 직선으로 연결하고, 그 선을 밑변으로 하는 이등변 삼각형을 작은 원 안에 내접하여 그린다. 그리고 그 삼각형 일변의 길이로 큰 원의 둘레에 금을 그어 가면 7등분이 된다. 그 7등분 된 점을 직선으로 이으면 7각형이 그려진다.

나는 7각과 9각의 작도법을 알아낸 김에 건축에도 적용해 보기로 했다. 그래서 탄생한 것이 바로 보탑사 7각 종각과 9각 고각이다. 지붕 위의 각에 맞춰 수막새의 연꽃잎도 각각 7개와 9개로 맞춰 올리고, 상륜은 각각 돌과 토기로 만들어 개성을 더했다.

고각을 지을 때 이런 일이 있었다. 기둥을 세우고 한참 공사를 진행하는데 스님이 기둥이 가늘다는 이야기를 세 번이나 하시는 것이었다. 그래서 내가 "스님, 왜 그렇게 생각하세요?" 하고 물으니, 구경하러 오는 스님마다 기둥이 가늘다고 말하더라는 것이다.

절을 지을 때 몇 분의 스님들이 다른 절 스님들에게 "너희 절 기둥이 얼마냐?"라고 물은 다음 "한 자 한 치입니다."라고 대답을 들으면 시공업자에게 "우리 절 지을 때 한 자 두 치로 해다오." 하는 경우가 종종 있다. 다른 절보다 좀 더 크게 하고 싶은 것이다. 그러나 그것은 우리 건축에는 안 맞는 얘기다. 각 부재마다 정해진 비율이 있는데 자꾸 가늘다는 생각이 드는 모양이다. 또 기둥이 굵어지면 좋은 집을 짓는 줄 안다. 그러나 그것은 시각적으로도, 우리

법고각

범종각

정서에도 맞지 않는다.

"스님, 기둥은 절대 가늘지 않습니다. 나중에 다 지어 놓고 보세요. 밑이 너무 무거우면 집을 버립니다. 몇몇 분이 그런 말씀을 하시는데 그런 분들 말씀 듣지 마세요."

그렇게 말씀을 드렸다. 그리고 집을 다 짓고 나서 스님께 어떠냐고 물었다.

"집이 참 보기 좋다. 내 말대로 기둥을 키웠으면 어쩔 뻔했나."

마음을 비우고 원칙대로만 집을 지으면 좋은 집이 된다.

수각

보탑사는 물맛이 좋기로 유명하다. 그래서 따로 수각을 만들어 오시는 신도와 손님들이 청정한 물맛을 볼 수 있게 하였다. 이 수각에는 네 개의 기둥을 세우고 그 위에 원형 지붕을 얹었다. 그런데 수각 기둥에는 재미있는 비밀이 숨어 있다. 바로 기둥 한 개를 일부러 잘라서 동바리 이음을 해 둔 것이다.

동바리 이음이란 기둥의 밑이 썩었을 때 썩은 부분을 자르고 새 나무 기둥을 그만큼 새로 짜서 잇는 것으로, 문화재 보수에 주로

수각

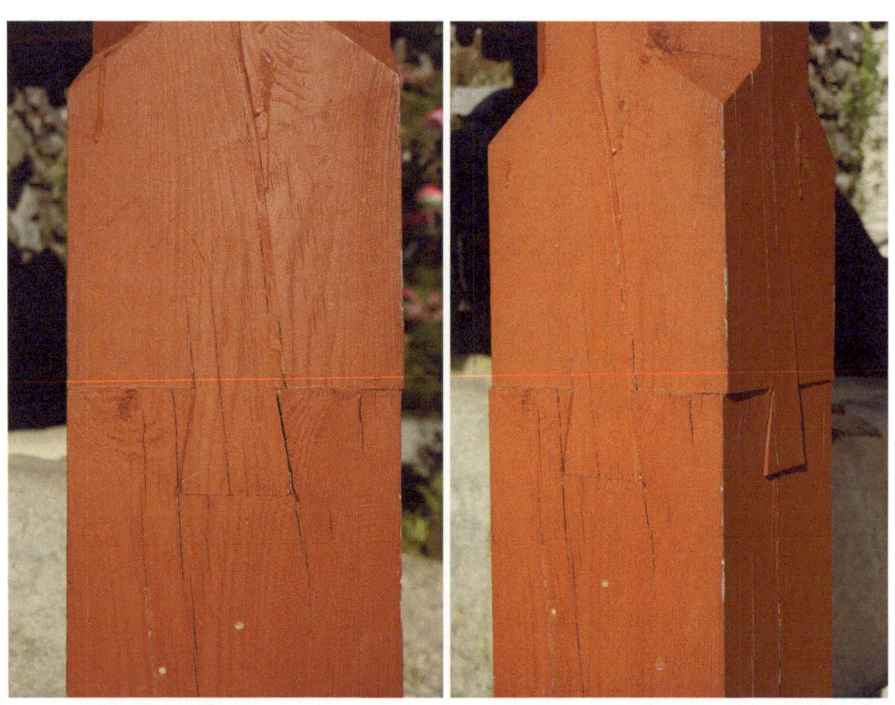

수각 기둥의 동바리 이음

쓰는 기술이다. 그런데 요즘은 이렇게 하는 경우가 드물고, 그냥 자른 뒤 철 띠를 둘러 버린다. 그러다 보니 몇몇 오래된 기술자를 제외하고는 이런 방법을 아는 현장 기술자가 드물다.

동바리 이음의 겉으로 보이는 이음새만 보면 도대체 어떻게 꽂았는지 알기 힘들다. 바로 이것이 숨겨진 기술이다. 경주 불국사의 청운교, 백운교를 보면 아치형 돌이 어떻게 고정 장치 없이 떨어지지 않고 그대로 붙어 있는지 불가사의하게 느껴진다. 그런데 겉으로 보이는 모습만 그렇지, 보이지 않는 안쪽은 돌이 떨어지지 않도록 홈을 파서 끼워진 형태로 되어 있다. 동바리 이음도 이와 마찬가지로 나무 기둥이 이어지는 부분의 모양을 파서 옆으로 밀어서 끼운 것이다.

우리 선조들이 남겨 놓은 기술은 이처럼 재미있으면서도 과학적이다. 그러니 후손들이 그 기술을 잘 이어 나갔으면 좋겠다는 바람에서 시범적으로 보탑사와 안성 해주 오씨 정무공파 종중 수각 기둥 하나를 동바리 이음으로 해 놓았다. 내가 죽으면 이 기술도 없어진다는 쓸데없는 생각에 흔적을 남긴 것이다.

보탑사 목탑 앞 석등과 돌다리

석등과 통돌 다리

보탑사의 목탑과 부속 건물 사이사이에 있는 부속물 하나에도 전체와 시각적 조화를 고려하여 다양한 건축적 시도를 하였다.

먼저 천왕문을 지나 종각과 고각 사이 계단으로 올라갈 때 정면으로 바라보이는 목탑의 앞쪽에 석등을 세웠다. 석등의 전체 높이는 19척으로 했는데, 19라는 숫자는 경주 석불사 금당 내부 본존상 둘레의 각과 일치하는 숫자다. 여기에 아래로부터 4각, 5각, 6각, 7각, 8각, 9각을 차례로 올리고 맨 위는 원으로 마무리했다.

석등 양쪽에는 통돌 다리를 걸쳐 두었는데, 커다란 화강석을 구해 통째로 다듬어 만들었다. 통돌 다리 하부에는 구름을 새겨 하늘로 오르는 상생경의 이상을 표현했다.

목탑의 암층

암층은 일반 단층짜리 한옥에서는 찾아볼 수 없는 구조로, 높이가 42.73미터에 이르는 목조 건물인 보탑사 목탑이 내부 축부재에 철 구조물이나 쇠못 하나 박지 않고도 견고함을 유지할 수 있는 비밀이다. 암층은 목탑의 1층과 2층, 2층과 3층 사이에 있으며, 각 층 지붕의 무게를 분산시키고 구조를 안정적으로 만드는 역할을 한다.

암층을 쉽게 설명하면 지붕과 천장 사이에 생긴 공간에 만든 일종의 다락방과 같은 개념이다. 지붕의 경사가 급할수록 지붕과 천장 사이에 큰 공간이 생기는데, 보탑사의 경우는 웬만한 건물 1층 높이 정도의 공간이 생겼다. 그 공간을 그냥 두지 않고 정리한 것이 바로 암층이다. 건물 외부에서는 보이지 않는, 일종의 숨겨 놓은 층이다.

암층을 만드는 기술은 황룡사 9층 목탑 양식의 핵심 기술이라고도 할 수 있다. 암층이 있기 때문에 내부 계단으로 오르내리며 각 층을 활용할 수 있는 것이다. 그래서 황룡사 9층 목탑도 외부에서 볼 때는 9층이지만, 각 층 사이의 암층까지 계산하면 실제로는 17층의 내부 구조를 가지고 있다. 보탑사 목탑 역시 겉으로 보기에는 3층이

중국 불궁사 석가탑

지만, 내부 2개의 암층을 포함해 총 5층의 구조를 가지고 있다.

두 개의 암층 중 1층과 2층 사이의 암층에는 1층에 사방불이 모셔져 있기 때문에 부처님의 머리를 밟지 않는다는 의미에서 개방하지 않았다. 하지만 2층과 3층 사이의 암층은 개방하여 전시 및 강의실로 이용하고 있다.

이와 같이 암층이 있는 목탑 양식은 한국, 일본, 중국, 대만 등 주변 여러 불교 국가들의 목탑 양식과 비교해도 결코 뒤지지 않는다. 오히려 더 뛰어나다고 자부한다. 중국 산서성 응현에 있는 불궁사 석가탑_{응현 목탑}을 보러 갔을 때도 그런 확신이 들었다.

응현 목탑은 현존하는 목탑 중에서 가장 오래되었고, 규모도 크다. 그 역사만 무려 천 년이 넘고, 높이는 67.31미터에 이른다. 5층 목탑이지만 내부에 보이지 않는 암층이 있어 실제로는 9층이다. 암층이 존재한다는 것은 내부 계단을 통해 위로 올라갈 수 있는 목탑이라는 의미다. 그러나 응현 목탑의 2층 암층은 현대에 들어와 보수를 하는 과정에서 목재를 볼트로 지나치게 단단하게 조여 오히려 더 불안정하게 되었다. 강하면 부러진다는 말처럼 출입을 통제할 만큼 조금 위험해 보인다.

보탑사가 품은 또 하나의 보물, 진천 연곡리 백비

보탑사에는 또 다른 의미의 보물이 하나 더 있다. 바로 보물 제404호로 지정된 진천 연곡리 석비가 그것이다. 보통 석비에는 비문이 적혀 있는 것이 일반적이다. 그런데 진천 연곡리 석비는 비문이 없는 무자비無字碑, 일명 백비白碑라고 한다. 아무 글자도 없이 깨끗하다는 뜻이다. 석비를 세우면서 왜 비문을 기록하지 않았는지에 대한 정확한 문헌은 없다. 그래서 현재까지 세운 이가 누군지, 비의 주인이 누구인지 알려져 있지 않다. 다만 도선국사가 후세에 큰 역사가 이루어질 것이니 그때 기록하라는 뜻에서 백비를 세웠다는 전설이 전해진다. 그런데 만약 그 전설이 사실이라면 참으로 안타까운 일이다. 도선국사가 이 비를 세울 때만 하더라도 후손들이 비에 역사를 새겨 넣기를 바랐겠지만 이미 너무 늦었다. 글자를 새기려면 현

연동리 석비

석비 받침돌의 겉부분은 지금도 조금씩 깨지고 있다.

재 보존 상태를 훼손해야 하는데, 이미 문화재로 지정이 되어 그럴 수 없기 때문이다. 때문에 결국 이 비는 계속해서 백비로 남아 있게 될 것이다.

그런데 이 석비가 보물로서 역사적, 또는 여러 가지 가치가 있지만, 나 같은 기술자에게는 거북 모양 받침돌의 깨진 부분이 신기하게 보인다. 돌 위에 거북 등 무늬를 조각해 놓았는데 깨져서 나간 돌 안쪽에도 거북 등 무늬가 그대로 드러난다. 언뜻 보기엔 이해가 잘 되지 않는다. 돌이 깨지면 겉에 조각된 부분도 같이 깨져 없어져야 하는데 겉의 조각이 떨어져 나가도 그 안에서 똑같은 무늬가 다시 나온다. 어떻게 그럴 수 있을까? 이것이 바로 장인 정신이 아닐까 싶다.

내가 처음 내려와서 공사를 시작할 때만 해도 귀퉁이만 조금 깨져 있었다. 그런데 지금은 더 많이 떨어져 나갔다. 그래서 우리는 이걸 보고 석비가 허물을 벗는다고 얘기한다. 허물을 벗는다는 것은 새로 태어난다는 것을 의미한다. 이런 현상을 보면서 보탑사 창건이 예사롭지 않은 인연이라는 느낌을 받곤 한다.

못다 한 나의 전통 건축 이야기

진천 길상사와의 인연 ◆
까치구멍집은 아파트의 원조? ◆
좋은 집을 짓기 위한 조건 ◆
대영박물관의 한옥 사랑방(한영실) ◆
한옥 살림집 강화 학사재 ◆
안성 해주 오씨 정무공파 종중 재실 ◆

傳統建築

진천 길상사와의 인연

진천 보탑사를 찾아가는 길에 보면 '길상사'라는 안내 표지판이 나온다. 흔히 길상사라고 하면 절인 줄 알고, 심지어 지도에도 절로 표시되어 있지만, 길상사는 절이 아니라 김유신 장군의 위패와 영정을 모신 사당이다.

충북 진천군 진천읍 벽암리 508번지에 위치한 길상사는 1926년에 김유신의 후손들에 의해 처음 건립되었다. 6·25전쟁 때 심하게 파손되어 중수하였다가 1976년 사적지 정화 사업의 일환으로 전면 신축되었다. 그 신축 공사

때 내가 현장 소장으로 일했다. 그런데 처음부터 내가 그 일을 맡아서 한 것은 아니었다. 당시 충청북도지사가 오용운 씨였는데, 그분이 얼마나 깐깐한지 현장에 내려갔던 기술자들이 제대로 일을 시작해 보지도 못하고 전부 쫓겨 올라왔다. 그래서 내가 3번째인가 4번째로 내려가게 되었다.

현장에 도착해 보니 도지사가 자리를 잡고 앉아 있었다.
"일을 해야 하니 자리 좀 저리 옮겨 주세요."
나는 인사도 하지 않고 다짜고짜 자리부터 옮기라고 했다. 웬 이상한 놈이 와서 도지사에게 자리를 옮기라 마라 하니 기가 막혔을 것이다.
"너는 누구야?"
도지사님이 어이없다는 표정으로 내게 물었다.
"나요? 여기 새로 온 현장 소장입니다. 그러시는 분은 누구세요?"
뻔히 알면서도 그렇게 물었다.
"허허, 내가 도지사다."
"아, 도지사님이십니까? 몰라 뵈어서 죄송합니다."
아마 도지사 입장에서는 내가 미친놈처럼 보였을 것이다. 그래도 나는 다른 기술자들처럼 쫓겨나지 않고 현장을 끝까지 지휘할 수 있었다.

당시 현장에서 제일 큰 공사는 본전인 흥무전을 짓는 일이었다. 흥무전이란 흥무대왕이라는 김유신 장군의 시호에서 따온 이름이다. 흔히 김유신이라고 하면 그냥 장군인 줄 알지만, 사실은 신라시대 조정의 최고직인 태대각간에 올랐고, 죽어서는 흥무대왕(興武大王)이라는 시호를 받은 추존왕이다. 그런 훌륭한 분의 위패와 영정을 모실 곳이니 더욱 정성을 다해야겠다고 생각했다. 더구나 나와 본관이 같은 김해 김씨 조상이니 남다른 인연이다 싶었다.

그런데 흥무전 기초 공사를 진행하던 중 커다란 난관에 부딪혔다. 공사를 하다 본전이 들어설 자리에 있는 바위를 하나 깼는데, 그 자리에서 물이 터져 나와 정신없이 펑펑 쏟아졌다. 이 물을 정리하지 못하면 지반이 약해져 기초 공사를 할 수 없을 것 같아 고민이었다. 그러다 당시 문화재 전문위원이었던 신영훈 선생에게 자문을 구했다. 그분이 마당에 우물 정(井) 자를 쓰는 것이 어떻겠냐고 의견을 주셨다. 그에 따라 우물 정 자로 배수로를 팠더니 신기하게도 물이 다 그곳으로 빠졌다. 그렇게 무사히 기초 공사를 마치고 순조롭게 나머지 공사를 진행할 수 있었다.

그런데 물 빼기 공사를 하기 전, 현장 숙소에서 잠을 자다가 꿈을 꿨다. 꿈속에 집사람이 보였다. 공사를 시작하면서 집을 떠나

길상사 입구

길상사 흥무전 현판

온 지 몇 달이 다 되어 가던 시점이라 보고 싶어서 꿈에 나왔나 싶었다. 그래서 잠시 현장이 한가한 틈에 무작정 버스를 타고 서울로 갔다. 당시엔 전화기도 없던 때라 따로 연락도 못하고 갔는데, 집에 아무도 없고 문도 굳게 잠겨 있었다. 알고 보니 내가 서울에 올라가는 동안 집사람은 딸아이와 어머니를 모시고 진천 공사 현장으로 내려오고 있었다. 기막힌 우연이었다. 그렇게 길이 엇갈려 얼굴도 못 본 채 나는 열쇠가 없어서 집 앞 여관에서 하룻밤을 자고 다시 공사 현장으로 내려왔고, 집사람은 현장 근처 여관에서 잠을 자고 다음 날 서울로 올라갔다.

  그 후 두 달 반 동안 나는 현장에서 배수로 공사를 하고 물 빼는 작업을 하느라 정신이 없었다. 그리고 물 빼기 공사를 마무리하던 날, 잠시 현장 숙소에서 쪽잠을 잤다. 그런데 꿈속에 딸 효선이가 나와 빨리 오라고 손짓을 하는 것이 아닌가. 잠에서 깨어 시계를 보니 오후 3시 정도였다. 갑자기 집 생각이 간절하게 났다. 현장 식구들에게 다음 날 아침 돌아오겠다고 하고 급히 버스 터미널로 달려갔다. 당시만 해도 도로 사정이 안 좋아서 진천에서 서울로 가는 데 버스로 6~7시간이 걸렸다.

  집에 도착하고 보니 벌써 늦은 밤이었다. 그 시간에 아무런 연락도 없이 들이닥치자 집사람도 깜짝 놀랐다. 그러나 반가운 마음이 훨씬 컸다. 4개월 반 만에 처음 얼굴을 보는 것이었다. 그렇게 그날 집에서 하룻밤 자고 다음 날 다시 진천 현장으로 내려왔다. 열 달 후, 그리도 바라던 아들 범석이가 태어났다. 김유신의 후예인 나에게 장군님께서 아들을 점지해 주신 것이 아닐까? 나는 그리 믿고 싶다.

까치구멍집은
아파트의 원조?

우리나라에 서양식 아파트가 들어온 지 반세기가 넘는다. 그런데 처음 들어올 당시의 아파트는 우리 생활양식과 맞지 않았다. 집이라는 것은 원래 자연환경과 사람의 생활양식에 맞아야 그 몫을 하는데, 우리와는 맞지 않는 서양식 아파트를 지어 놓고 우리가 억지로 맞춰 살아온 것이다.

그런데 몇 년 전에 모 아파트의 모델하우스를 구경해 보니 이제는 우리의 생활양식에 맞는 공간 구조로 아파트가 진화되어 있었다. 처음 아파트가 들어온 이후 우리에게 맞는 아파트가 되는 데 50년이 넘는 시간이 걸린 것이다.

우리에게 맞는 아파트란 다른 것이 아니라 수납공간이 많은 아파트를 의미한다. 우리나라는 기후 변화가 많으므로 철마다 갈아

까치구멍집

입을 옷을 보관할 크고 작은 수납공간이 많아야 한다. 심지어 일주일 사이에도 옷을 바꾸어 입어야 할 정도로 기후 변화가 심하다. 그런데 기후에 따른 생활 패턴을 고려하지 않아서 오래된 아파트에는 수납공간이 거의 없었다. 그러다 요즘 들어 수납공간이 많이 생긴 것을 볼 수 있다. 이제야 아파트에도 우리의 할머니, 어머니의 이야기가 많이 반영되는 듯하다. 또한 아파트는 시부모와 며느리가 한집에 모여 살기에 불편한 구조였는데, 요즘은 서서히 시부모의 방과 며느리의 방이 멀어지고 한 아파트 안에서도 독립된 공간을 보장받을 수 있는 한옥식 구조가 적용되고 있어서 반갑다.

그런데 재미있게도 우리 전통 가옥 중에도 아파트와 같은 구조를 가진 집이 있다. 바로 '까치구멍집'이라고 불리는 집이다. 까치구멍집은 방과 마루, 부엌, 심지어 측간(화장실)과 외양간까지 모두 한 채의 집 안에 있다. 집 안에 있는 부엌에서 불을 땔 때 연기가 빠져나가도록 지붕에 뚫어 놓은 구멍을 까치구멍이라고 하는데, 이 때문에 까치구멍집이라는 이름이 붙었다. 조선 시대부터 존재했던 우리 전통 가옥 양식 중 하나로, 아직도 강원도 산속에는 까치구멍집이 남아 있다.

옛날 산속에서는 해가 지면 짐승이나 산적들의 습격을 받을 염려가 있었다. 그래서 웬만하면 집 밖으로 돌아다니지 않고자 모든 것을 집 안에 들여놓았다. 또한 추위를 피하기 위해 음식은 따뜻한 방 안에서 다했다. 그리고 부엌과 방의 창과 창 사이에 공간을 만들어 부엌에서 반찬과 밥그릇을 그 공간에 넣은 후 방에 들어가서 꺼내 먹었다. 다 먹은 후에는 다시 방에서 빈 그릇을 창과 창 사이의 공간에 넣어 놓고, 부엌에 가서 꺼내 설거지를 했다. 안전과 편의성을 극대화한 까치구멍집의 공간 활용이 인상적이다.

일반적으로는 아파트와 같은 방 구조의 가옥은 우리의 전통 가옥이 아니라고 생각하기 쉽다. 그런데 까치구멍집을 보면 우리나라에도 아파트의 원조라고 불러도 손색이 없는 가옥 형태가 있었음을 알 수 있다. 새삼 우리 조상의 지혜에 놀라게 된다. 이렇게 우리 것이 엄연히 있는데도 그동안 서양식 아파트 구조만 따라했던 것이다. 우리 전통 가옥에 대한 이해가 부족했던 탓이다. 이제라도 전통 가옥의 다양한 형태를 연구하여 서양식 가옥에 접목하려는 노력이 필요하다.

나는 한옥이라고 반드시 전통 방식 그대로 지어야 한다고는 생각하지 않는다. 물론 기본적으로 지켜야 할 원칙들은 있다. 그러나 그러한 원칙 외에 다른 부분에서는 현대식 살림살이에 맞춰 얼마든지 창의성과 편의성을 더할 수 있다.

좋은 집을 짓기 위한 조건

신라 때 승려이자 풍수의 대가로 유명한 도선국사가 남긴 일화가 있다. 하루는 도선국사가 절 앞의 밭에 나가서 호미로 밭일을 하고 있었다. 그걸 본 주지스님이 도선국사에게 가서 말했다.

"큰스님, 그만하시고 들어가 쉬세요."

그러나 도선국사는 그 말을 들은 체도 하지 않았다. 조금 있다가 동자승 한 명이 도선국사에게 말했다.

"큰스님 쉬세요."

그러자 도선국사는 "그럼 쉴까?" 하고는 밭에서 나왔다. 그러자 주지스님은 도선국사가 자신을 무시하는 것 같아 섭섭한 마음이 들었다. 그래서 도선국사에게 왜 자기가 쉬라고 할 때는 안 쉬고 동자승이 쉬라고 하니까 쉬는지 그 이유를 물었다. 도선국사가 대답했다.

"아까는 내가 일하고 싶은데 쉬라고 한 것이고, 지금은 내가 쉬고 싶다고 생각하고 있는데 동자승이 와서 쉬라고 한 것이다."

도선국사의 이 일화는 일이든 휴식이든 마음이 움직일 때 해야 한다는 것을 말해 준다. 일하고 싶은데 쉬라고 하는 것도 잘못이고, 쉬고 싶은데 쉬지 못하게 하는 것도 잘못이다. 그런데 요새는 상대방의 입장은 생각하지 않고 자기 입장만 생각해서 이야기한다. 특히 젊은 어머니들이 자녀들을 대하는 방식을 보면 안타까울 때가 많다. 아이가 쉬고 싶을 때 공부하라고 하고, 책 보고 있을 때 놀러 가자고 한다. 요즘 아이들의 심성이 거칠어지는 데에는 이런 영향도 분명히 있으리라 본다. 어쨌든 나는 공사 현장에서 인부들과 함께 일할 때도 도선국사의 가르침을 항상 생각한다.

진천에서 보탑사 공사가 한창 진행되던 때의 일이다. 하루는 기능공과 인부들을 데리고 저녁에 회식을 했다. 다음 날 아침이 되자 다들 전날 회식 자리에서 술을 많이 마셔서인지 일어나기 힘들어 했다. 그러자 도편수가 와서 어차피 이런 상태로 일해 봤자 능률도 오르지 않으니 오전에는 그냥 쉬자고 했다. 그래서 나도 그러자고 했다. 그렇게 푹 쉰 뒤 오후에 다들 나와서 일을 했는데, 반나절만 일을 했는데도 평소 하루 종일 걸려 할 일을 저녁때까지 다 마칠 수 있었다. 일을 시키더라도 하기 싫을 때 억지로 시키는 것보다 일할

의욕이 있을 때 시켜야 능률도 오르고 서로의 관계도 좋아진다.

　무슨 일이든 항상 내가 옳다는 '나뿐'이라는 생각을 버려야 한다. '나쁜 사람'이라는 말은 결국 '나뿐인 사람'을 말하는 것이다. 집을 지을 때도 마찬가지다. 좋은 집을 지을 것인지, 나쁜 집을 지을 것인지는 마음먹기에 달려 있다. 집이란 그저 땅을 고르고 재료만 쌓아 올린다고 만들어지는 것이 아니다. 그 위에 집 짓는 사람들의 마음이 차곡차곡 쌓여야 비로소 완성된다.

대영박물관의 한옥 사랑방(한영실)

1999년 영국 엘리자베스 여왕이 방한했을 때 안동 하회마을을 방문한 것을 계기로 영국 사람들의 한옥에 대한 관심이 높아졌다. 그리하여 이듬해에 영국 정부의 공식 요청으로 런던 대영박물관의 한국실에 한옥 전시장을 만들게 되었다. 지유 신영훈, 설계 박태수, 총감독 임병식, 행수 김영일, 도편수 조희환을 비롯해 목수, 석수 강길홍, 와공, 도배공 등이 한 팀을 이루어 런던으로 날아갔다.

질 좋은 목재를 구해 보탑사에서 어

느 정도 치목을 한 뒤 배편으로 미리 실어 보냈던 터라 도착한 후에 바로 마무리 치목을 하고, 초석 위에 기둥부터 세우고 차근차근 부재를 올려 집을 지었다. 실내에 전시될 공간이라 규모가 작아 이름도 '사랑방'이라고 소박하게 지었다. 마침내 어엿한 사랑채 한 채가 완성되었다. 집을 짓는 내내 대영박물관 관계자들이 견학을 했는데, 쇠못 하나 쓰지 않고 제법 육중해 보이는 나무 부재들이 차곡차곡 쌓아 올려지는 모습에 감탄사를 연발했다. 특히 그들의 주거 양식에서는 찾아볼 수 없는 구들과 우물마루가 척척 깔리는 모습을 바라볼 때는 경외의 눈빛마저 읽을 수 있었다.

지붕까지 거의 완성되어 갈 무렵, 신영훈 선생이 목판에 상량문을 간단하게 적고 대영박물관 한국실 사랑방 창건에 참여한 사람들의 이름을 기록했다. 먼 이국땅에서 한글로 적힌 내 이름을 보니 감회가 남달랐다. 훗날 가족들과 다시 이곳을 방문하여 상량문을 찾아 읽는다면 얼마나 뿌듯할까 싶었다.

드디어 사랑방이 완공되고 전시실이 공개되던 날, 현지의 반응은 정말 뜨거웠다. 작업팀이 모든 정리를 마치고 현장을 떠나올 때는 박물관 직원들이 도열하여 열렬히 환송해 주었다. 우리 전통 한옥의 우수함을 알리고 문화적 자긍심을 고취시켰다는 생각에 가슴이 벅찼다. 이후 대영박물관 3층에 자리한 한옥 사랑방은 '한영실'

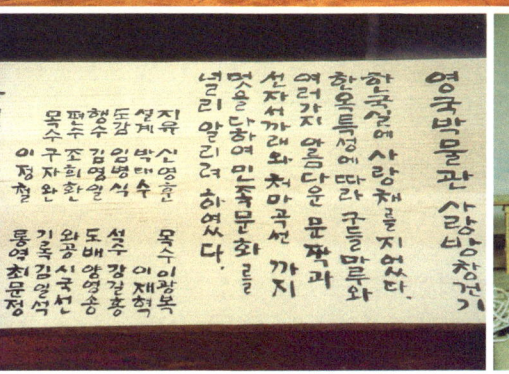

시공 중인 사랑방 모습과 작업자의 이름이 담긴 상량문

이라고 이름이 바뀌었지만, 지금까지도 가장 사랑받는 전시실 중 하나이다.

한편 대영박물관에서 사랑방 공사를 하던 중 개인적으로 덴마크 코펜하겐 박물관을 방문했던 일이 기억에 생생하다. 물론 그냥 놀러 간 것은 아니었다. 당시 코펜하겐 박물관 내에는 한 칸짜리 한옥이 전시되어 있었다. 6·25전쟁 때 덴마크가 우리나라에 병원선을 보내 주었던 것을 기리고자 1965년쯤 신영훈 선생이 가서 작업한 공간이었다. 그런데 마침 우리가 대영박물관에 한옥을 짓고 있다는 소식을 들은 코펜하겐 박물관 관계자들이 우리에게 잠깐 와서 창호지를 붙여 달라고 요청했다. 창호지가 떨어진 지 좀 됐는데 그곳에서는 새 창호지를 구할 수가 없다는 것이었다. 마침 대영박물관에 재료를 가지고 들어갈 때 창호지를 여유 있게 가져갔다. 그래서 쓰고 남은 창호지 일부를 가지고 코펜하겐 박물관으로 가서 직접 붙여 주었다.

일을 마치고 고맙다는 인사와 대접을 잘 받고 나오다가 우연히 일본관을 구경하게 되었다. 그곳에 지게가 전시되어 있는 것을 보고 나는 의구심이 들었다.

'지게는 우리나라 고유의 도구인데 왜 일본관에 전시되어 있지? 일본에서는 이런 식의 지게를 쓰지 않는데······.'

① 한국 지게
②③ 일본 및 중국의 짐 나르기

그곳 관리자에게 지게는 한국 것인데 어떻게 일본관에 있냐고 물었더니 일본 사람이 가져왔다고 한다. 나는 잘못된 것이니 한국실에 가져다 놓으라고 말했다. 그러고서 그곳을 떠나왔는데, 지금은 그 지게가 어느 곳에 전시되어 있는지 잘 모르겠다.

내가 지게가 일본의 것이 아니라고 확신한 것은 관련 분야를 공부해서가 아니다. 오랜 경험과 상식으로 아는 것이다. 어떤 나라의 문화적 특성은 그 나라의 지형 혹은 기후와 매우 밀접한 관계가 있다. 일본은 평지가 많은 섬나라다. 그래서 짐을 옮길 때는 긴 막대기 양 끝에 짐을 나누어 매달고 한쪽 어깨에 짊어진다. 하지만 우리나라는 산이 많아서 일본처럼 짐을 옮길 수가 없다. 짐을 들고 오르락내리락하기에는 짐을 뒤에 지는 형태가 가장 안정적이다. 그래서 지게가 생긴 것이다. 세계 어느 나라를 가도 산이 많은 나라에서는 우리나라처럼 짐을 뒤에 지고, 평지가 많은 나라에서는 일본처럼 막대기 양쪽에 짐을 매달아 옮긴다.

많은 사람들이 전통문화는 어렵고 고루할 것이라 생각하다. 하지만 우리의 지형, 우리의 기후에 가장 알맞은 형태로 발전한 것이 전통문화이다. 전통문화를 버리면 우리의 고유한 기질마저 잃게 된다.

세계적으로 가장 우수한 문화유산 중 하나로 많은 사람들이 이

피라미드　　　　　　　　　　　　　　　수평대

집트의 피라미드를 꼽는다. 하지만 나는 우리 전통 건축도 거기에 결코 뒤지지 않는다고 생각한다. 이집트 카이로 박물관 3층에서 나는 피라미드를 만들 때 사용한 도구가 전시되어 있는 것을 보았다. 일반 사람들은 그 도구의 이름도, 쓰임새도 잘 모른다. 하지만 한국에서 전통 건축을 오랫동안 해 온 나는 그것이 무엇인지 바로 알았다. 그것은 바로 수평대. 나무를 커다란 A자 모양으로 만들고 그 가운데 추를 달아 수평을 본다. 수평을 보는 기계나 물 호수가 없어도 우리는 산속에서 얼마든지 이런 수평대를 만들어 쓸 수 있다. 세계 어느 나라의 문화유산과 비교해도 우리의 전통문화가 결코 뒤떨어지지 않는다. 그러니 자부심을 갖고 지켜 나가도 좋을 것이다.

한옥 살림집
강화 학사재

 1999년 겨울부터 1년 반 정도, 강화 덕진진과 남장포대가 내려다보이는 산중턱에 살림집을 짓게 되었다. 그곳이 강화 학사재다. 전통 한옥의 아름다움을 살리면서 집주인의 취향과 편의성을 고려해 정성껏 지은 강화 학사재는 그 자체로 하나의 작품이라 할 만하다.

 학사재를 지으면서 여러 가지를 고려했다. 그중에서 덕진진에서 올라오는 습한 공기를 어떻게 막을 것인가, 자연 상태의 산과 집이 어떻게 조화를 이루게 할 것인가 하는 두 가지 문제에 가장 신경을 썼다.

강화 학사재는 산 경사에 집을 지었다. 그러다 보니 측면에 있는 협문을 볼 때 옆으로 기울어져 보였다. 이 문제를 어떻게 해결하면 좋을까 고민을 하다가 협문을 산 쪽으로 휘어지게 다시 지어 보았다. 그랬더니 그제야 집이 바로 서 보이는 것이었다. 우리는 흔히 집은 무조건 바로 지어야 바로 보인다고 생각한다. 하지만 주위 환경이 경사가 져 있으면 집도 경사에 맞춰 약간 기울게 지어야 비로소 바로 보인다. 이처럼 산속에 집이나 절을 지을 때는 항상 주위의 자연환경에 맞춰서 집을 지었으면 좋겠다.

산 밑에 자리 잡은 학사재를 지을 때 땅을 깎으면서 가장 많이 고민한 부분은 역시 바람 골을 어떻게 내느냐 하는 것이었다. 강화 앞바다의 바람이 골짜기를 돌아서 집 안으로 들어오면 자칫 결로 현상이 생길 수 있기 때문이다. 결로 현상은 모든 건물에 안 좋지만, 특히 목재 건물인 한옥에 치명적이다.

간혹 나라에 흉사가 있을 때 눈물을 흘린다는 비석이나 비각에 관한 이야기가 전해지는데, 이것은 진짜 눈물이 아니라 결로 현상 때문에 일어나는 일이다. 이러한 현상이 일어나는 지역에 가 보면 바람 골이 잘못되어 있는 경우가 대부분이다.

한번은 충청북도 청천에서 이 현상이 일어난다는 이야기를 들

학사재 협문

전통 한옥의 아름다움을 살리면서 집주인의 취향과 편의성을 고려해 정성껏 지은 강화 학사재는 그 자체로 하나의 작품이라 할 만하다.

었다. 사람들은 비석이 눈물을 흘리는 것이라고 했지만, 오랫동안 문화재 일을 해 온 나는 분명 집을 지을 때 잘못 지은 탓이지 자연적으로 그런 현상이 생기지는 않을 것이라고 생각했다. 그런데 마침 그곳에서 일을 하게 되어 가 보니 비석을 세워 둔 곳 앞으로 강이 흐르고 뒤로는 산이 있었다. 그 사이 골짜기에 비석이 있었는데, 문제는 비석 주변으로 담을 너무 높게 쌓은 것이었다. 이 때문에 강에서 불어온 물기 먹은 바람이 골짜기로 바로 빠져나가지 못하고 담 주변에서 맴돌다가 차가운 비석에 닿아 결로 현상이 생기는 것임을 알았다. 나는 곧바로 공사 감독과 상의하여 담장 높이를 확 낮추었다. 그랬더니 그다음부터 결로 현상이 생기지 않았다.

또 한번은 잘 아는 동료가 경상도에서 집을 지었는데 집이 자꾸 까매진다고 걱정이 태산이었다. 집이 까매진다는 것은 집을 지을 때 쓴 목재에 곰팡이가 핀다는 얘기다. 그래서 집 근처에 혹시 강이나 호수가 있는지 물었다. 그랬더니 집 앞에 호수가 하나 있다는 것이다. 그렇다면 틀림없이 바람 골을 잘못 써서 그런 현상이 일어나는 것이라고 말해 주었다. 호수에서 올라온 습한 공기가 집 안에 머물면 목재에 곰팡이가 생길 수밖에 없다. 전통 건축에서는 이렇게 목재에 곰팡이가 피어 색이 검어지는 것을 '청태'가 낀다고 한다. 동료가 하도 부탁하여 현장에 직접 가서 보고 난 후, 집 앞에 대나무를 심으라고 조언했다. 습한 공기가 집에 직접 닿는 것을 막기 위한 방법이었다.

강화 학사재 공사를 할 때도 청태 현상이 생기지 않게 하려고 바람 골에 특히 신경을 많이 썼다. 그런데 나중에 집을 다 짓고 보니 전체적으로는 큰 문제가 없는데, 집 귀퉁이 한 부분에서 청태 현상이 생겼다는 연락을 받았다. 바람이 빠져나가는 골을 조금 잘못 계산한 것이었다. 그래서 고민하다가 그 부분에 장독대를 만들자고 제안했다. 그쪽으로 바람을 빼 보려고 그런 것이다. 다행히 장독대를 만든 후로는 별다른 문제가 없다고 한다.

정성껏 지은 집에 집주인이 만족하고, 그 집을 구경하는 많은 사람들의 칭찬까지 받으면 그것처럼 기분 좋은 일이 없다. 강화 학사재가 그런 집이다. 무엇보다 아름다운 전통 한옥이 살림집으로도 전혀 불편함 없이 현대식 생활 패턴에 맞게 지어질 수 있다는 사실을 사람들에게 알리는 계기가 되었다는 점에서 기억에 남는다.

안성 해주 오씨 정무공파 종중 재실

경기도 안성시 양성면 고성산 아래에 자리한 덕봉리는 고려 시대에 군기감 감(軍器監 監)을 지낸 오인유(吳仁裕)를 시조로, 임진왜란 당시 전공으로 선무훈에 녹훈된 정무공 오정방을 중시조로 하는 해주 오씨가 중종조인 1510년경 터를 잡은 뒤, 지금까지 약 500여 년 동안 그 후손들이 모여 사는 집성 마을이다.

    지방문화재로 지정된 정무공 고택에는 지금도 종손이 거주하고 있고, 숙종조 순절충신 오두인 선생을 배향한 사

안성 해주 오씨 정무공파 종중 재실 전경

액 덕봉서원을 비롯해 오두웅, 오관주 효자정려, 신도비, 정무공 오정방부터 부마 오태주까지 5대 100여 년에 걸쳐 시묘살이를 하던 여막이 현존한다. 이처럼 덕봉리는 조선 시대 사대부 집성촌으로서의 면모를 두루 갖추고, 그동안 여러 이름난 학자와 관리를 배출해 온 유서 깊은 마을이다. 이에 이곳은 2007년에 안성시로부터 선비마을로 지정되었다. 이 선비마을 내에 있는 해주 오씨 정무공파 종중 재실은 전통 한옥 건축의 정수를 보여 준다.

해주 오씨 정무공파 종중은 지난 500여 년간 문중 묘역을 관리하며 매년 제사를 모셔 왔는데, 기존에 있던 재실이 낙후되어 종중 재산을 들여 제례실, 전시실, 식당, 교육장, 사무실, 정자 등을 갖춘 재실을 새롭게 지었다. 재실은 종중 선산과 오정방 고택을 사이에 두고 자리 잡고 있으며, 최고의 재료와 기술로 전통 방식과 현대 방식을 조화시킨 작품이다.

특히 해주 오씨 정무공파 종중 재실 신축에 사용한 목재는 그대로 사용해도 되지만 덜 갈라지게 하기 위해 건조실에 넣어 25°C에서 2일, 30°C에서 2일, 다음으로 60°C까지 순차적으로 건조하는 과정을 총 15일가량 하였다. 그 결과 대체로 양호한 상태를 유지하고 있다.

공사를 시작하면서 처음 터를 잡는 것부터 마무리 공사까지 함

껍질만 벗긴 기둥

께했던 기술자 최금석 행수와 나는 곳곳에 여러 가지 재미있는 요소를 많이 집어넣어 해주 오씨 정무공파 재실이 누가 봐도 남다르게 느껴질 수 있도록 만들었다. 해주 오씨 정무공파가 자자손손 번성하여 천 년 후에도 변함없이 조상의 은덕을 기리는 신성한 제례를 올릴 수 있도록 정성을 다하였다.

경기도 안성시 양성면 덕봉리
선비마을 내에 있는
해주 오씨 정무공파 종중 재실은
전통 한옥 건축의
진수를 보여 준다.

에필로그

구름 따라 흘러가는 인생

    한옥을 짓고 문화재를 수리하는 한평생을 살면서, 그 순간순간의 기억은 아직도 나를 미소 짓게 한다.
    한번은 새벽이슬을 맞으며 혼자 산골짜기를 내려오는데 누군가 불순한 사람이라고 나를 신고한 일이 있었다. 지서에 끌려가 조사를 받으며, 문화재 수리 현장에서 일하는 사람임을 확인받고 풀려났다. 시외버스 터미널에 터덜터덜 도착하니 이미 오전 차는 떠난 뒤였다. 오후 차를 타고 저녁 무렵 본사에 도착하니 전보를 언제 쳤는데 무엇 하다 이제야 오느냐며 사장님이 화를 내기도 했다. 그래도 오랜만에 가족을 만날 수 있다는 기쁨에 마음이 들떴다. 공사에 필요한 물을 조달하고자 산중턱에서 비닐을 쳐 놓고 비가 오기를 기다린 나날도 있었다. 지금도 나를 미소 짓게 하는 아련한 추억이다.
    그렇게 치열하게 젊은 날을 살았다. 경로 우대증을 받은 날에는 밤새도록 잠이 오지 않았을 정도였다. 그동안 혹시라도 나 때문에 괴로워한 사람이 있었는지, 다른 사람 눈에서 눈물이 나게 한 일은 없었는지……. 온갖 기억들이 주마등처럼 내 머리를 스쳐 간다.

이제 남보다 앞서 가지 말고 99등만 하고 살기로 다짐하니 마음이 한결 가벼워진다.

나는 지금도 가끔 내가 지은 한옥들을 보러 간다. 그곳에서 마지막 해가 떨어지고 저녁별이 반짝거리는 것을 보며 생각하곤 한다.

'저기서 반짝거리는 흰 별은 아직 젊은 별이다. 하지만 빛을 잃어 가는 저 붉은 별은 늙은 별이니 머지않아 떨어질 것이다. 별은 떨어지면서 마지막으로 빛을 내고 사라진다. 나도 나이가 있으니 머지않아 저 붉은 별처럼 떨어질 것이다. 그때 나도 마지막으로 찬란한 빛을 발하고 싶다.'

천상병 시인의 시 〈귀천〉에서 다음과 같은 구절이 생각난다.

나 하늘로 돌아가리라
노을빛 함께 단 둘이서
기슭에서 놀다가 구름 손짓하며는

내 인생은 이제 그야말로 지는 해 노을빛에 놀다가 구름이 손짓

하면 하늘로 가야 할 그런 시기가 되었다. 인생의 황혼기에 구름이 잠시 머물다 가는 그곳에서 아름다운 한옥 한 채를 사람들에게 소개하고 떠나갈 수 있다면, 나는 그것으로 꿈을 이룬 것이다.